SO SHOES!

穿鞋的品味

[法] 弗雷德里克·维塞
[法] 伊莎贝尔·托马斯 著
李彤 译

中信出版集团 · 北京

图书在版编目（CIP）数据

穿鞋的品味 /（法）弗雷德里克 · 维塞，（法）伊莎贝尔 · 托马斯著；李彤译 . -- 北京：中信出版社，2018.9

书名原文：So Shoes!

ISBN 978-7-5086-9114-5

I. ① 穿… II. ① 弗… ②伊… ③李… III. ① 鞋－服饰美学 IV. ① TS973.4

中国版本图书馆 CIP 数据核字 (2018) 第 134876 号

穿鞋的品味

著　　者：[法] 弗雷德里克 · 维塞　[法] 伊莎贝尔 · 托马斯
译　　者：李　彤
出版发行：中信出版集团股份有限公司
（北京市朝阳区惠新东街甲 4 号富盛大厦 2 座　邮编　100029）
承 印 者：北京图文天地制版印刷有限公司

开　　本：787mm×1092mm　1/16　　印　　张：12　　字　　数：140 千字
版　　次：2018 年 9 月第 1 版　　印　　次：2018 年 9 月第 1 次印刷
京权图字：01-2018-4677　　广告经营许可证：京朝工商广字第 8087 号
书　　号：ISBN 978-7-5086-9114-5
定　　价：68.00 元

图书策划　中信 · 小满工作室
总 策 划　卢自强　　策划编辑　张丛丛　　责任编辑　孙若琳
营销编辑　杨　硕　　封面设计　门乃婷工作室　　内文设计　申亚文化

服务热线：400-600-8099
投稿邮箱：author@citicpub.com

献给爱丽丝和罗曼娜的马丁靴

以及尼尔斯的滑板鞋。

鲁布托(Louboutin)高跟鞋

目 录

« Vous n'avez pas été fabriquée en série, alors soyez unique. »

“你并不是流水线上的产物，
所以你要做的，
就是成为那个独一无二的自己。”

莫罗 · 伯拉尼克（Manolo Blahnik），鞋履设计大师

引言

女人为鞋而狂

比起口红的颜色和裙子的长度，鞋子似乎更能将我们一天的心情娓娓道来。盔甲似的皮靴、户外穿的运动鞋、大行其道的浅口鞋以及时髦的男孩风鞋款（boyish shoes），都反映着我们多彩的生活和丰富的内在。

虽然我们不都是“鞋子控”（事实果真如此吗？），可我们的眼睛总是在新款鞋子面前闪闪发光。

世上最亲密的事情莫过于收到一双爱人送的高跟鞋。

在爱人眼中，我们被视作公主还是女神？踩在高跟鞋上，我们既可以是柔弱的，也可以是强势的。即使我们几乎不穿它们，也无关紧要。我们就是喜欢把它们放在那里。

不论是鞋子的业余收藏家还是狂热的职业买手，她们总有能力让衣橱焕然一新，或是将步伐转换成高跟鞋的嗒嗒声。

在漂亮的鞋子面前，女人会丧失理智。

谁不曾说服自己，10厘米的高跟鞋穿久了就会如履平地，或是认为只要足够美丽，即使鞋子小一号也无所谓。

而众多的服装品牌早已深谙此道。因此，它们都在不断丰富自己的产品类型。凉鞋、跑鞋、浅口鞋和闪亮的芭蕾鞋都包括在内。至于线上销售，这些品牌的业绩也十分可观——人们对买鞋不能试穿的担心正变得越来越少。

哎呀，再来一双吧！

继美国人之后，赢得“鞋子狂魔”之称的就是法国人了。如果我们对鞋子少一分狂热，那么我们就会多一些自由。但首先，我们要承认的是，穿鞋不必墨守成规，黑色不一定是“对的”颜色（我们可能会喜欢各种不同颜色或款式的鞋子），而在一天之内，我们也可以换好几双鞋。

那么你呢？你的下一双鞋会是什么样呢？

“我从小就喜欢穿高跟鞋，在我三四岁的时候，我就穿妈妈的高跟鞋了。我总是很喜欢让自己充满女人味儿。”

安妮－索菲·米诺，时尚顾问。
穿着古驰的上衣、鲁布托的高跟鞋。

吉安维托·罗西(Gianvito Rossi)高跟鞋

高跟鞋从何而来

近十年来，令人眩晕的超级高跟鞋掀起了一股时尚风潮，先后席卷了T台和马路。一旦加上坡跟或防水台，这些高跟鞋的高度就会达到12厘米、15厘米甚至18厘米。但请警惕不雅的走姿，因为不是所有人都能穿着“恨天高”迈出优雅的步伐。

皮埃尔·哈迪(Pierre Hardy)短靴

可是，高跟鞋究竟从何而来？

高跟鞋其实古已有之。在那时，引领这股时尚风潮的是凯瑟琳·德·美第奇(Catherine de Médicis)，她总认为自己太矮小，受到威尼斯软木高底鞋的启发，她在嫁给亨利二世时，把木质的高跟鞋放进了随行的嫁妆中。这种软木高底鞋可以让女士远离污泥，其高度可达70厘米。顷刻，半个世界都在效仿这股贵族风潮。连妓女们都纷纷穿上了8~10厘米的木质高跟鞋。女人的鞋跟越高，她的地位就越尊贵，或者说“身价越高”。

至于高跟鞋的魅力，我们要把它归功于路易十四。为了让自己显得高大，他总是穿着一双红色高跟鞋。在某日的狂欢派对上，国王的兄弟穿上了一双红色高跟鞋，正是他把这个风尚发扬光大。但法国大革命阻止了人们对高跟鞋的迷恋。一个好的革命者应当是脚踏实地干活的。效仿那些贵族堕落的风尚绝不可取，贵族们既没头脑，很快又掉了脑袋。

虽然高跟鞋在19世纪末低调回归，它的高度依然是“守旧”的。直到科技进步到一定程度之后，鞋跟的高度才取得了大胆突破。卓丹(Jourdan)是第一个用木头或塑料把鞋跟变细变高的人。之后，在1954年，罗杰·维维亚(Roger Vivier)为克里斯汀·迪奥(Christian Dior)做了一个大胆的尝试——把金属丝置入鞋跟之中。此后，人们终于可以随意调节鞋跟的高度了。

1990年，超级高跟鞋迎来了黄金时代。汤姆·福特(Tom Ford)在卡琳·洛菲德和马里奥·特斯蒂诺的帮助下，把古驰的风格转向了精致的性感。从此，“恨天高”变得既性感又桀骜。

> “我不知道是谁发明了高跟鞋，但女人们欠他一个大人情。”
>
> 玛丽莲·梦露

“为了一星期的埃及之行，我带了27双鞋，我的丈夫快疯了！”

多米尼克·萨尔蒙，媒体公关。1.2.3大衣和白色牛仔裤、拉尔夫·劳伦（Ralph Lauren）凉鞋。

如何驾驭高跟鞋？

鲁伯特·桑德森（Rupert Sanderson）高跟鞋

从前，谈起高跟鞋时，8厘米的高度就让人望而却步。而如今，我们只会轻笑一声！哈哈，不过才8厘米而已！现在，高跟鞋的高度已经翻了一倍！16厘米的高跟鞋不再只停留于幻想中。自从维多利亚·贝克汉姆穿着细跟浅口高跟鞋步入广场之后，人们便总能在商店的橱窗中看到它们的身影。从周仰杰（Jimmy Choo）到飒拉（Zara）都是如此。以前，只有英国人敢踩着这些高跷似的鞋东奔西走一整天。以后，越来越多的巴黎人也开始穿高跟鞋了。那些让人觉得疯狂的高跟鞋牢牢地抓住了大众的眼球。但我们的双脚呢？

一些姑娘若是离了高跟鞋就没法儿活。如果穿平底鞋，她们就会觉得自己太矮。如果不能与交谈者的视线位于同一高度，她们就会感到难受，尤其是要和别人洽谈重大合同的时候。还有一些人说，穿平底鞋会让她们觉得自己"胖了"。阿莱缇（Arletty）建议我们一直都穿着高跟鞋。"因为这样可以提臀。"她带着巴黎人的幽默说道。

另一些女人则是再也无法脱下高跟鞋了。由于长时间穿着高跟鞋，小腿三头肌（跟腱肌肉）收缩，只要一穿上德比鞋或芭蕾鞋，她们的腿肚就会抽筋，背部感到疼痛。至少10厘米的高跟鞋才能让她们觉得自在。

事实上，高跟鞋如果穿得恰当，会很好看。但在街上，我们总会看到踏着高跟鞋、走路摇摇晃晃的姑娘或是穿着16厘米的"恨天高"、步态却丝毫不优雅的女子。唉……会穿高跟鞋是天生的吗？是的，但也不全是……这是可以后天习得的。甚至还有教这个的学校呢！

> "当一双鞋穿着不舒服时，我们就不应该再穿它了。因为这样会使我们的双脚变形，并且无法医治。"
>
> **娜塔莉·艾拉哈尔，LaRare品牌创始人**

米歇尔·维维安（Michel Vivien）凉鞋

设计师米歇尔·布尔穿着她设计的Flame高跟鞋。

规则1
找到适合自己的高跟鞋

适合女同事的凉鞋穿在你的脚上不一定舒适。因为你们的脚型不同。因此，你需要尝试许多款式。每个牌子（不一定是大牌）都有它适合的人群。你要找到适合自己的。

规则2
选对尺码

这似乎是显而易见的。但某些时候，我们会在两个尺码间摇摆。对于高跟鞋来说，合适的尺码很重要。鞋子太大，双脚会支撑不住（德比鞋或平跟短筒靴稍好一些）；鞋子太紧，我们的脚趾无法伸展，而且不太美观（尤其是穿凉鞋的时候）。如果一位女售货员只是因为鞋子没有你的尺码，就对你说“这双鞋会合脚的”，请不要相信她。的确，鞋子穿久了皮子会松一些，但如果觉得挤脚，尺码永远也不会合适。何况丝绸、布料和漆皮根本不会发生任何变化！

规则3
不要只在意鞋跟的高度

一双足弓过高的中跟鞋或许比一双“恨天高”还不舒服。因为前足和后跟过大的落差会迫使人的重心前移。但如果鞋子的足弓高度合适，我们的双脚就能找到舒服的姿势，身体也会自然地直立起来。这样，我们就可以穿着12厘米的高跟鞋，轻松漫步一整天了。

10招让你走出优雅步伐

❶ 脚跟先着地，就像穿平底鞋走路时那样。

❷ 穿着高跟鞋练习上下楼梯。

❸ 避开石板路。

❹ 双脚保持合理的距离，既不要走“一字步”，也不要分得太开。

❺ 不要盯着双脚，而要目视前方。

❻ 适度摆动臀部。

❼ 保持直立，肩膀打开，抬起头来。

❽ 别着急，穿高跟鞋走路的姿态和穿平底鞋截然不同。

❾ 重温亨利·哈撒韦的电影《飞瀑怒潮》，看看年轻时的梦露是如何走路的。

❿ 相信自己。

规则4 改变走姿

穿高跟鞋时会有不同的走路方式。你的步伐应该更缓慢、更紧凑，同时上半身也要保持灵活。否则，你看上去就像国庆阅兵式上的士兵一样。如果你不能敏锐地察觉到差异，那么练习必不可少。不要像走钢丝的杂技演员或是从马上下来的牛仔。要注意目视前方，当心楼梯（下楼梯总是最难的）。

迪奥高跟鞋

规则5 不要放弃

你不能忍受高跟鞋吗？如果穿高跟鞋是你的个人喜好，那就不必多说了。但如果不是，那是因为你还没找到适合自己的鞋子。有时，糟糕的鞋子让我们感到灰心，找到合适的品牌和款式是值得费一番功夫的。如果细高跟不合适，为什么不试试带防水台、能够减小高度差的款式？或者坡跟高跟鞋？

> “即使在怀孕的时候，为了避免身形臃肿，我也穿着高跟鞋。”
>
> 卡罗尔·黛西尔

规则6 管好你的脚趾

穿凉鞋时，我们的脚趾既不能缩成一团，也不能伸出去。你一定记得朱利安·摩尔（Julian Moore）走上戛纳电影节红毯时那些横七竖八的脚趾吧！

规则7 换着鞋穿

如果双脚无法伸展，那么你就要当心磨出水疱了。请穿一些高度更合理的鞋子，让双腿的肌肉得到休息。因为一旦穿上高跟鞋，整个身体的重心会转移到前足。每天都穿着高跟鞋的女性，她们的双脚更僵硬，磨损也更严重。穿高跟鞋的时候，你的整个腿部都会被调动起来。因此，你也将开心地发现，在走路的同时，你也在锻炼双腿了。

卡罗尔·黛西尔，设计师。缪缪（Miu Miu）的短上衣、Johann Champigny量身定制的紧身裤、圣罗兰半筒靴。

“任何时候，不管发生什么事情，都要充满女人味儿！没有任何借口，就连疲劳时也不行。”

巴黎歌剧院的明星舞蹈家

玛丽－阿尼亚斯·吉洛(Marie-Agnès Gillot)

站直，伸展脖子，打开肩膀。

你注意过走在街上的女性吗？你有什么感受？

是的，我一直在关注她们，并总能发现一个问题。大部分女性总是弯着腿走路，骨盆完全不动，就好像大腿骨折了一样。这种走路姿态既笨拙也不灵活。穿高跟鞋的难点就在于它改变了身体的承重点。由于身体重心前倾，所以前脚掌受力，为了弥补这种失衡，大部分女性都会在走路时往后仰。

为了让步态显得优美，我们的上半身与下半身要协调起来，不应该出现角度：身体也要轻轻摆动。通常，我们的脚趾会高度紧张。在T台上，我很吃惊的是：一些模特的走姿竟能如此粗俗不雅！她们穿着高跟鞋的样子真是不自在。

穿高跟鞋走路有什么诀窍吗？

有的。首先，我们要舒展脚部，接下来是腿部，并保持膝盖灵活。为了走出优美的步伐，膝盖应该是紧张的。我们还应该通过训练，学会保持与穿平底鞋走路时相同的步调。也就是说，脚跟先着地，然后扭动臀部，就像娜奥米·坎贝尔(Naomie Campbell)那样。穿高跟鞋要求我们的骨盆保持灵活和柔韧，同时与步伐相配合。我们还应该站直，伸展脖子，打开肩膀。头部要显得轻盈，而不是死气沉沉的。这也是我们学习古典舞时，最先要掌握的事情之一：我们要向高处“探寻”，通过直立的姿态让自己显得更加轻盈。走直线也是需要训练的。没有什么比两腿平行且间距过大更难看的了。两腿的间距越大，步态就越不优雅。

如何走得更美？

学习古典舞是一个好方法，即使入门晚，身体也会很快地调整过来。我们会学习如何优雅地移动，并发掘身体的美。

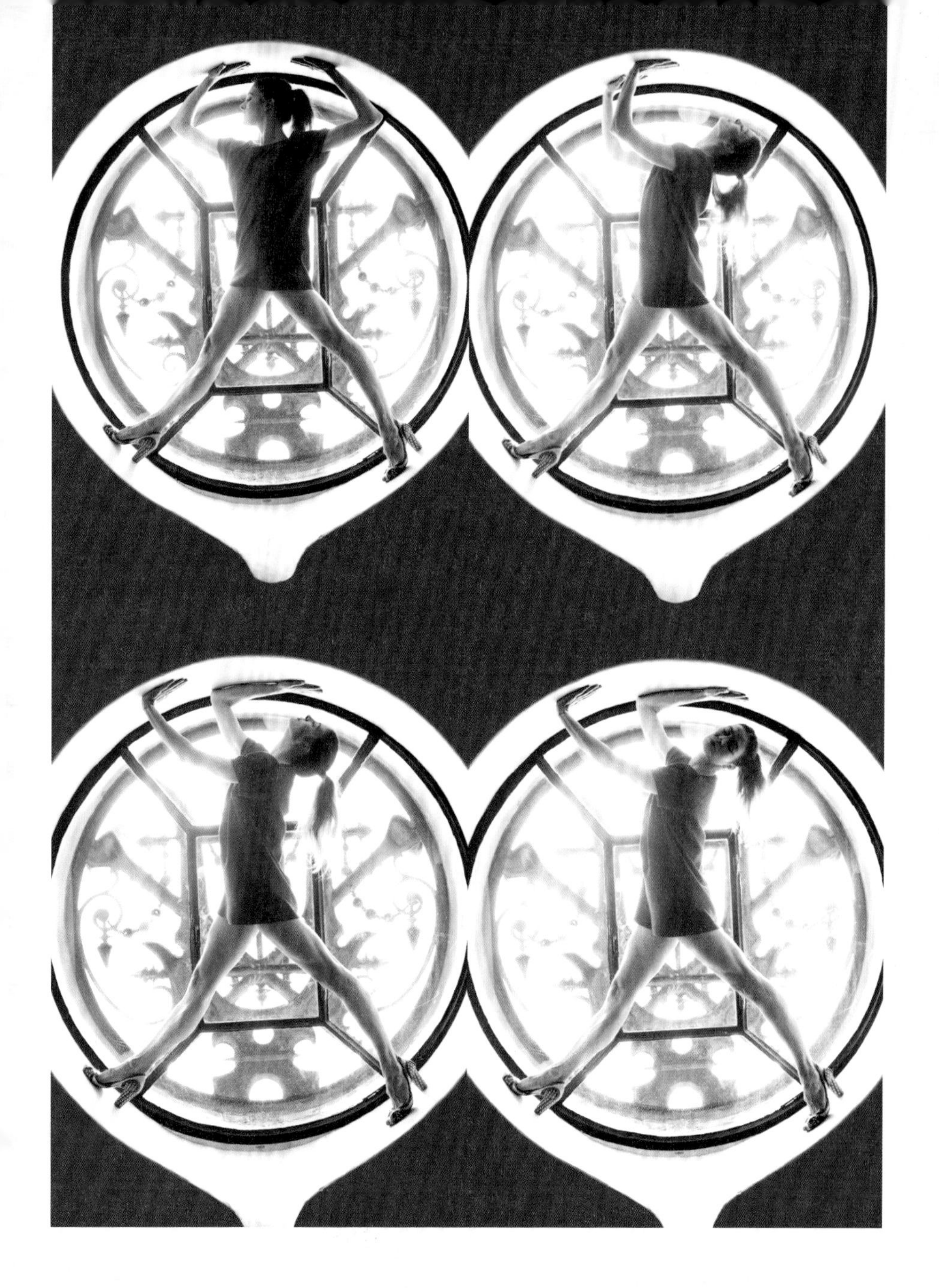

你穿高跟鞋吗?

是的，我一直都穿。由于高强度的站位练习和长时间穿着芭蕾舞鞋，我的双腿总是十分疲劳。而穿高跟鞋则能够让我的双腿得到放松，缓解肌肉疲劳。

圣罗兰超性感半筒靴

欲望与鞋履

《欲望都市》女主角凯莉·布莱德肖只穿超级性感的高跟鞋，比如莫罗·伯拉尼克（Manolo Blahnik）、周仰杰、瓦尔特·斯泰格（Walter Steiger）、皮埃尔·哈迪、鲁布托和迪奥这些品牌。在《欲望都市》里，凯莉踩着令人梦寐以求的大师级美鞋踏遍了纽约的人行道。我们从来没有见过如此令人兴奋的鞋履间。莫罗难道比大先生（Mr. Big）更性感吗？

“噢！玛丽……玛丽，把你的高帮皮鞋给我，马上……马上……马上……我要立刻拥有它们……快给我……”

电影《女仆日记》

虚幻的童话故事

从童年开始，我们就深信，当我们寻觅到合适的鞋子时，爱情就会降临。在这个文学作品或迪士尼动画最著名的试鞋桥段中，只要穿上水晶鞋（或者玻璃鞋也行），灰姑娘就能变成公主。在格林童话中，那两个坏姐姐甚至想通过削足的方式穿上那只水晶鞋。

Suecomma Bonnie高跟鞋

精神分析学家布鲁诺·贝特尔海姆从这个故事中看到了“性”的象征符号。那个迷人的王子就是有名的恋物狂人——他留下了灰姑娘遗失的水晶鞋，把它当作寻找新娘的信物。他相信“这双鞋能把她变成一个真正的女人”。

“直到19世纪，女人的双脚都不可以在闺房之外裸露，舞蹈演员除外。”历史学家安娜·德·玛尔纳克向我们解释道，“直到‘一战’后，由于裙子变短，女人们的小腿和脚踝才露了出来。”系带高帮皮鞋被露脚背的玛丽珍鞋取代。时髦的摩登女郎们，以露易丝·布鲁克斯（Louise Brooks）为首，掀起了一股高跟鞋风潮。在那时，只有叛逆的女性才穿高跟鞋。她们跳舞、抽烟、剪短发、化着烟熏妆，全然不在意他人的目光。

“二战”期间，吉尔·艾尔夫格兰和阿尔贝托·巴尔加斯的笔下皆是身穿吊带袜和高跟鞋的香艳尤物。她们成了美国陆军的幻想对象。好莱坞对这种性感女郎形象的传播起到推波助澜的作用。这些魅惑的女郎成了士兵们的梦中情人。玛丽莲·梦露、艾娃·加德纳（Ava Gardner）、索菲亚·罗兰、伊丽莎白·泰勒和让人无法忘记的贝蒂·佩吉（Betty Page）注定成为了高跟鞋和女人味儿的代言人。

“我爱你的鞋如爱你。”

福楼拜写给路易丝·卡伦特。

罗曼娜·葛蕾丝，大学生、模特儿。卡雷尔·米尔斯（Karel Mills）服饰、米歇尔·维维安高跟短筒靴。

莱·希拉(Le Silla)露趾扣环皮革短靴

斯特芬妮·雷诺玛，时尚设计师。雷诺玛（Renoma）牛仔裤和皮夹克、劳伦斯十年（Laurence Dacade）扣环皮革拼接短靴。

“鞋子就是女人的盔甲。”

在中国古代，人们用布条缠裹小女孩的脚，以阻止她们的脚长大。小脚被视为尊贵身份的象征。“袒露双脚同裸露身体一样，是不知羞耻的表现。”性学专家，著名的《爱抚》一书作者格哈尔·勒乐对我们说道，“如今，漂亮的双足和鞋子依然被视为女人味儿的象征。穿高跟鞋首先是一种性别的投射，所以自然会让你的走姿变得不同。而对你来说，这种影响是潜移默化的。一旦穿上了美丽的鞋子，你就会深深地扎根于自己的躯体。你的身姿会因此而显得更积极，更专注，也更迷人。”

那些关于高跟鞋的电影

霍华德·霍克斯（Howard Hawks）的《绅士爱美人》

弗朗索瓦·特吕弗（Francois Truffaut）的《痴男怨女》和《最后一班地铁》

迪士尼出品的《灰姑娘》

佩德罗·阿莫多瓦（Pedro Almodovar）的《情迷高跟鞋》

哪个才是强势性别？

“高跟鞋是一个在强势与柔弱间摇摆的矛盾体。”欧内斯特（Ernest）品牌负责人，高跟鞋专家伊莎贝尔·波尔吉这样说道，“穿着细高跟，我们可能随时摔倒。男人既是支配者，也是保护者。这是一个男性和女性之间的二元对立，即强势的男人和脆弱的女人。这点使女人确信自己是有保障的。而当今现代社会中，女人已经挣脱了枷锁，获得了自由。她们有权选择自己想要的东西。即使潮流倒退，吊袜带和‘恨天高’也不意味着思想的倒退。女人穿高跟鞋是为了取悦自己，是为了让自己变得有女人味儿才去重新效仿从前的时尚。”

在如今这个金钱、权力和成功至上的社会里，高跟鞋究竟是不是一剂女人和自身特质和解的良药呢？

《名利场》提问：“什么让你变得美丽？”
弗雷德里克·米特兰调皮地回答道：
“一双欧内斯特高跟鞋。”

欧内斯特(Ernest)品牌

由欧内斯特·阿姆赛尔(Ernest Amselle)创立于1904年，一直都是做超级高跟鞋的行家。它为追求前卫的小资顾客(比如巴黎的时髦女郎们)提供合脚的鞋子。该品牌常年与顶级夜总会的舞者合作。它的鞋子总是按照双脚的形态设计，能很好地照顾到足弓的弧度。它还是疯马俱乐部、丽都、女神游乐厅和蒂埃里·穆勒(Thierry Mugler)最近一场秀的“官方供应商”。这个百年品牌同样受到了名人格蕾丝·琼斯(Grace Jones)、比安卡·贾格尔(Bianca Jagger)、碧昂斯、盖·伯丁(Guy Bourdin)和赫尔穆特·纽顿(Helmut Newton)的青睐。

鞋履设计师

克里斯提·鲁布托(Christian Louboutin)

与自己的丈夫相比，女人们恐怕更常提起他的名字，
但她们的丈夫们却丝毫不会妒忌！
鲁布托是一个可以与摇滚明星齐名的偶像，
他让女人拥有了即使打扮得像歌舞女郎也无损女强人形象的权利。

我们能把你称为鞋履界的乔治·克鲁尼，女人们的最爱吗?

当然了，这是夸赞。我由女性抚养长大，我为从事这样一个既能让她们开心也能让我自己愉悦的职业而感到幸福。但这并不是全部的原因。我对鞋子的迷恋是无法衡量的。这并非是一个决定，它也是一种自由的信号。因为我不能理解人们仅凭鞋跟的高度就批判女性。我已经设计出了“恨天高”。如今，女性们终于敢把它们穿上脚了。

我从小就梦想为那些舞者工作。我迷恋她们，并且总能溜进或免费进入女神游乐厅或别的地方。我日复一日地观看同样的表演，但它们带给我的视觉享受却是不同的。每一次，我都能发现新的细节。我热爱夜总会的舞者，因为她们就像天堂里的鸟儿，挥舞着灵动的羽毛。我也喜欢碧姬·芭铎和奥黛丽·赫本。她们有着天赐的优雅，即使穿着芭蕾鞋也透出一股强烈的现代感。她们穿着舞鞋时也是如此!

我喜欢“娇小的巴黎女人”，还有诺玛·杜瓦、法丽达那样的巴黎异乡人。在灵魂深处，我们都是巴黎人，生于何处并不重要。在我眼中，阿莱缇完全是巴黎的，凯瑟琳·德纳芙则更像是法国的。

在大众的脑海里，鲁布托就是高跟鞋的代名词，那么设计“恨天高”之外的款式，你是否也如此擅长呢？

宁使人嫉妒，不讨人怜悯。高跟鞋在极大程度上成了美鞋的代表。当人们想到女性的鞋子时，首先蹦入脑海的就是——高跟鞋。但我对平底鞋也情有独钟。我捍卫高跟鞋及其散发的女人味儿。喜欢高跟鞋的女人并非没有头脑，也不是所谓的“风尘女子”。此外，我也无法理解自20世纪70年代以来的一些言论：一个爱打扮的、化妆的、有女人味儿的女人注定是一个肤浅的女人。这是一种我要捍卫的女性特征，肯定也是许多男人羡慕女人的地方。1950年至1960年，大银幕上“漂亮傻女人”的形象深入人心。但现在，人们已经彻底抛弃这种形象了。从没有人能让我相信，过度的美丽和女人味儿会有损才智。我认为这是一种过时且狭隘的思想。女人味儿是有趣的，女人们有理由去玩味它。

看看蒂娜·特纳（Tina Turner）吧。她是一个独立的女性。离婚后重掌了自己的事业，不需要依赖任何人。你还记得她在舞台上穿着紧身连衣裙和高跟鞋的样子有多性感吗？还有金发女郎乐队（Blondie）的主唱。她把头发染成淡淡的金色，涂着红唇，穿着凉拖鞋，在一身摇滚且偏男性化的装扮中散发着她的美丽和女人味儿。今天，还有谁会质疑她们的才华和艺术行为呢？

法国女人穿高跟鞋的方式是否与众不同呢？

是的，这是因为她们有更多选择。巴黎的女人是这座城市的宠儿，她们并不独独钟情于某些商店，因为她们有着各种各样的欲望，不像某些国家的女人那样需要身着制服。时髦的巴黎女郎们总是被各种服装、鞋子、皮包和香水包围着。

你更喜欢玛琳·黛德丽还是玛丽莲·梦露？

二者我同样钟爱。就像一双完美的高跟鞋有两个面貌：玛琳交叉双腿优雅迷人，而梦露的背影让人倾倒。

哪一款最适合作为送给自己的第一双鲁布托？

一定是12厘米高的浅口高跟鞋。

“女人味儿是有趣的，女人们有理由去玩味它。”

芭蕾鞋是必备款

它是鞋中的“小黑裙”：每个女人都应该拥有。对所有衣橱来说，它都是百搭品。没错，不见得穿上高跟鞋就能增加性感魅力，日常生活中，驾驭平底鞋也是门学问。

过去，芭蕾鞋是舞蹈演员的专属品，多亏了两位女演员，这种鞋子才势不可当地赢得了属于自己的威望。这两位女演员的共同点就在于：她们都在电影中抛弃了20世纪50年代好莱坞女明星们司空见惯的那些装扮。

> “9月末，当我在巴黎漫步时，心血来潮地买下了这双芭蕾鞋。那时，秋风微凉，天气晴朗，我穿着那双芭蕾鞋，暖暖的。”

艾斯特·布迪，丝巾设计师。
健乐士（Geox）芭蕾鞋。

1953年：奥黛丽·赫本出演了电影《罗马假日》。为了突显她舞者的身形，赫本请求——菲拉格慕（Ferragamo）为她设计一双带小高跟的芭蕾鞋。随后，威廉·惠勒的这部电影大获成功，奥黛丽·赫本也斩获了奥斯卡小金人。自此，芭蕾鞋开始大放异彩。

1956年：正是得益于那双相当轻便的“幸德瑞拉”芭蕾鞋，碧姬·芭铎开创了芭蕾鞋的潮流时代。大胆的裸露避免了稚气，这双芭蕾鞋将碧姬的双脚打造得十分性感。而它的成功也将继续下去，即使到了今天仍在上演。每天，丽派朵（Repetto）在佩里格（Périgueux）的工坊都会生产出6000双这样的鞋子。另一种新的性感诞生了。

很快，所有品牌都紧跟潮流，推出了自己的芭蕾鞋款。1962年，罗杰·维维亚为圣罗兰设计了一双装饰着方形鞋扣的芭蕾鞋。凯瑟琳·德纳芙在路易斯·布努埃尔的电影《白日美人》中就穿的这双鞋。这双芭蕾鞋也因此声名大噪。

此外，由香奈儿设计，并于1957年推出的双色芭蕾鞋（米色显得腿型修长，而足尖部的黑色则显得双脚秀气）也十分有名。在这家知名品牌的商店里，人们总能见到它的身影。

到底什么才算真正的芭蕾鞋？

1932年，我们熟知的芭蕾鞋在伦敦诞生。芭蕾舞的狂热爱好者雅各布·布洛赫为芭蕾舞演员们设计出了一种舒适的鞋子。那些最杰出的舞者很快被它吸引。这种鞋子的灵感来源于当时的浅口平底鞋。这种浅口的平底鞋（名字来源于西班牙语“scarpino”，意思是“小鞋子”）已经存续了数个世纪，上流社会不论男女都穿它。

19世纪初，女人们常穿脚踝绑缎带的款式。这些缎带用十分精贵的丝绸做成，一夜的舞会就足以使其损坏。

如何选择芭蕾鞋？

注意，芭蕾鞋和芭蕾鞋是不一样的。对于我们而言，真正的芭蕾鞋是别致的，是极其法式的。它的灵感源于舞鞋，鞋面上缀有一个小巧的蝴蝶结。那些鞋边用橡胶加固，鞋面上走线明显或有绊带的鞋子，当然算不上芭蕾鞋。

不论是布料、漆皮、皮革还是毛皮制作的芭蕾鞋，我们都爱。忘了那些材料廉价、塑料质地、做工拙劣，很快就皱皱巴巴的鞋子吧。你可以大胆尝试各种颜色和动物图案。比如一双“豹纹”芭蕾鞋就能为一身基础的装扮平添几分轻松与活力。即使模特们厌弃了它，位于皇家大街巴黎歌剧院旁的丽派朵专卖店里，它依然占有一席之地。不论是高中的校门口，还是办公室，我们都会和它不期而遇。芭蕾鞋是实用的，也（几乎）是百搭的。

芭蕾鞋总是时髦的吗？

2012年3月，艾迪·斯理曼担任了圣罗兰的艺术总监，他沿着大师经典作品的传统风格，推出了一款以“舞蹈”为名的芭蕾鞋，这款日常穿着的芭蕾鞋就是由芭蕾舞鞋改良而来的。

repetto
PARIS

这双鲁布托的铆钉鞋让我们不禁思索：乐福鞋是否会取代芭蕾鞋的地位？

有时，
芭蕾鞋也会出错！

对于设计师弗雷德·马尔卓（Fred Marzo）来说，芭蕾鞋是一种外出穿的鞋子。就是说，它不是拖鞋。“鞋子必须具备一定的硬挺度。如果一双鞋很快就变形了，鞋面留下脚的印记，那么它就很难是一双漂亮的鞋了。”他说。芭蕾鞋很百搭，从牛仔短裤、卡其裤到A字裙都是它的好搭档。如果没有一双大长腿，那就不要搭配宽大或直筒的长裤，一定要露出脚踝，让你的双腿看上去修长一些。

我们都知道：鞋底平而薄的芭蕾鞋是一种用于漫步而非暴走的鞋子！

芭蕾鞋，
露还是不露呢？

不管是像可丽饼一样平，还是带一点点跟的芭蕾鞋，我们都喜欢大方地露出脚背，直到能看到脚趾为止。因为这样，我们的双腿会显得修长。“但我们也要注意，鞋子一定要穿得稳。”弗雷德·马尔卓补充道。如果鞋子的凹口很深，那么不是所有人都会喜欢它。有的女人讨厌露出她们脚趾缝，因为“这看上去很不雅”，“我的骨头太突出了，真难看”。的确，我们应该注意到这些可能让人感到尴尬的微小缺点。不论什么情况下，过薄的鞋底都要当心。“为了舒适，还是带点跟吧！”弗雷德·马尔卓继续说。请避免那些橡胶底过宽的鞋子。超平底的鞋子会让双脚看起来更扁更宽，请不要选择带有松紧绊带的鞋，因为它们看上去就像42码的童鞋。

有人认为，
芭蕾鞋把她们变矮了……

如果穿上阔腿长裤或长裙的话，情况确实如此。但如果选一双深凹口的芭蕾鞋，再配上修身或能露出脚踝的长裤，比如男友风牛仔裤或卡其卷边九分裤，情况就没那么糟了。长度到膝盖的裙子、超短裙或者短裤也是搭配佳品。在手足无措的时候，请想想《上帝创造女人》中的碧姬·芭铎、赫本和珍·茜宝（Jean Seberg）……她们穿芭蕾鞋的方式永远不会过时。

历史数字

有人说，玛丽·安托瓦内特（Marie-Antoinette）王后拥有500多双鞋，专门有一位侍从负责保养并按颜色和款式整理这些鞋子。2012年10月，在一场于巴黎德鲁奥酒店举办的拍卖会中，一双曾经属于王后的精美绸缎鞋子，拍出了62460欧元的高价。

丽派朵设计师

奥利维耶·诺尔特(Olivier Jault)

1947年，在儿子的建议下，罗丝·丽派朵(Rose Repetto)设计出了她的第一双舞鞋，她的儿子正是舞蹈家罗兰·佩蒂(Roland Petit)。1956年，在碧姬·芭铎的请求下，罗丝设计了“辛德瑞拉”芭蕾鞋。芭铎担任了由瓦迪姆执导的电影《上帝创造女人》的女主角。于是，她穿着那双胭脂色的漆皮芭蕾鞋，出现在了香艳诱人的银幕画面里。而现在，丽派朵设于多尔多涅(Dordogne)的工厂每年都会生产50万双芭蕾鞋。所谓美鞋恒久远，芭蕾永流传！

在你看来，芭蕾鞋为何能成为永恒的经典?

芭蕾鞋的魅力是“跨越年代”的。它既低调又有存在感，舒适与高雅兼具。不论是摇曳的长裙还是紧身裤，它都能很好地搭配。15岁和75岁的女性都可以穿它。芭蕾鞋能让人显得年轻，是减龄神器。哪个女人不希望自己变得年轻呢? 此外，在我们所推出的25个颜色里，最受人青睐的，非粉红色莫属。

漂亮的芭蕾鞋是什么样的?

一言以蔽之：轻盈的。不论鞋面的“挖口”如何，芭蕾鞋都应该是双脚的延伸，是双足的“手套”。芭蕾鞋不会让人想入非非，却是性感的。轻盈是对“性感”另一种有趣的诠释，不是吗? 然而，就像小黑裙一样，这种简洁是很难实现的。而为了实现这个目标，上乘的皮革(丽派朵所用的皮革都是法国制造的)和我们著名的“翻转缝制工艺”都功不可没。

你的创新灵感源自哪里?

丽派朵并不是一个“时髦”的品牌。雪地靴就从不在我们的考虑范围之内！丽派朵只生产那些忠于其传统理念的经典款式。这个传统理念就是舞蹈，古典舞、探戈舞、萨尔萨舞、华尔兹舞、街舞等。这些舞蹈赋予了我们巨大的想象空间。芭蕾鞋、T字带舞鞋还有运动鞋都是我们灵感的源泉。几年前，我发现我们缺了一款鞋子，于是我设计了著名的迈克尔鞋(Michael)。偶然之下，凯特·摩丝买了一双黑色漆皮款，还被拍到穿着这款鞋出街。之后，这双鞋就成了所有女孩梦寐以求的鞋款。请你相信，我的灵感仍若泉涌。

私人定制，绝不重复！

我们有252种羊皮，鞋边、鞋帮以及鞋带都有不同的颜色。每个人都可以按自己的喜好设计一双独一无二的“辛德瑞拉”芭蕾鞋。唉，但拥有一双私人定制的鞋也要付出一定代价：320欧元……！

此照片受版权保护

逸闻趣事

1970年，简·伯金（Jane Birkin）偶然地在一个打折筐里淘到了一双鞋子，它似乎很适合男友塞尔日·甘斯布（Serge Gainsbourg）奇怪的脚型。其实这双鞋就是大名鼎鼎的琪琪（Zizi）鞋，是罗丝为自己的儿媳琪琪（Zizi Jeanmaire）设计的。甘斯布迷上了这双鞋，并再也离不开它了。琪琪鞋也因此成为丽派朵的经典鞋款。

2000年，丽派朵邀请多位顶级大师合作。包括三宅一生、山本耀司、卡尔·拉格斐（Karl Lagerfeld）以及用铆钉装饰芭蕾鞋的川久保玲（Comme des Garçons）。

2012年，丽派朵创办了自己的皮革工艺培训学校，其办学目标是：让学生在6个月内学会制作芭蕾鞋的“翻转缝制工艺”。

金色或带亮片的鞋子

有时候，我们希望把自己的鞋子浸在仙女的琼浆之中。我们这样做的目的，既不是为了跑得更快，也不是为了寻得白马王子。我们想要的，只是让双脚“沾沾仙气”罢了。好像一旦这么做，连柏油路都闪闪发光了。

2011—2012秋冬季，缪缪、范思哲和马克·雅可布都推出了缀满彩色亮片的高跟鞋，仿佛将天上的繁星带下人间。为了向《绿野仙踪》里桃乐茜脚上的红鞋或迪斯科大行其道的光辉岁月致敬，璀璨闪亮的风潮再次回归。然而这一次，这些亮晶晶的鞋不再只囿于舞池、爵士舞课和午夜狂欢了。即使在白天，在共进商务午餐或是在广场漫步的时候，人们也能看到它们的身影。所有的品牌都在抢占商机，从高端大牌到平价连锁店。人们再也不会用惊讶的目光注视着白领们或乖乖女们那些闪闪发光的鞋子了。

互联网上，各种充满创意的妙招数不胜数。有的人教我们如何把鞋跟变得闪闪发光，让短筒靴重新焕发光彩；有的则教我们如何使用大量亮片让运动鞋重获新生。同时，金色的鞋子开始占据我们的鞋柜。在此之前，只有晚礼鞋和罗马凉鞋才会使用闪亮的材料，如今连最中规中矩的鞋款都无法抵挡这种潮流而装饰上了亮片。我们可以看到牛津鞋（打造学院风的理想单品）也披上了金色的外衣。不论是金色还是亮片，其目的只有一个，就是打破古板，为乏味的装扮增添趣味。对慵懒的衣风或轻颓的装扮而言，这无疑是一种绝佳的点缀。经典鞋款+一点幽默感，足够应付我们的突发奇想。除了心甘情愿被闪亮俘虏，要小心变成一颗“舞池闪光球”。

“我穿42码的鞋。有一次，我甚至买了一双因为尺码太小而无法穿上的鞋，仅仅是因为我太想拥有它了。”

马蒂吉斯姆·贝哈盖耶，企业领导。艾克妮（Acne）连衣裙、& Other Stories风衣、乔治·埃斯基韦尔（George Esquivel）金色短筒靴、思琳（Céline）手袋。

埃曼纽尔·梅塞安·德·赛洛，公关顾问。
Doursoux迷彩外套、The KooplesT恤、盖璞（Gap）牛仔裤、普拉·洛佩兹（Pura Lopez）凉鞋。

“我真的非常喜欢这些闪耀着璀璨光芒，散发着迷人魅力的鞋子，特别是凉鞋，我觉得它们性感极了。”

如何选择金色或带亮片的鞋子？

如果担心别人只盯着你的脚看（最初，这的确有些奇怪，但以后就会习惯的！），那么请你选择混合材质的鞋子（比如前面用麂皮制成，后面带有亮片）或者只有一处亮点的鞋，比如高跟鞋的跟、系带凉鞋的绑带或芭蕾鞋的鞋尖，来把这些风险降到最低。

过度的闪亮是没有必要的，请选择简单朴素的款式。比如德比鞋、裸足鞋、经典的浅口鞋，而不是那些造型扭捏浮夸的鞋或是风尘女子才会穿的高跟长靴。

避免过于繁复的装饰。比如铆钉、绑带以及5厘米的防水台。这些繁复的装饰都会破坏鞋子本身的闪亮别致。再强调一遍，简洁是美丽的基础。

注意闪光涂层与亮片装饰之间的区别。前者更普遍一些，几乎随处可见。但如果麂皮或皮革采用这种工艺的话，效果就不明显了。

在挑选金色鞋子时，请注意色调的差别。就像选珠宝一样，千万不要选“宝莱坞”那种浮夸的金色。黄铜金、古铜金或暗旧的金色都是较理想的。越不浮夸，就越时尚。

UCCI
made in Italy

安妮·杜尔，电视节目造型师。Surface to Air 牛仔裤、AA美国服饰（American Apparel）T恤、古驰高跟鞋、安东尼·皮托（Anthony Peto）帽子、阿尼亚斯·贝（Agnès b）女包、芒果（Mango）大衣、Chan Luu和Vanrycke品牌的首饰。

年轻设计师弗雷德·马尔卓的作品，金色短靴，法国制造。

如何搭配？

所有年龄的女人都适合穿金色或带亮片的鞋子。与我们想象的不同，这款“宝石美鞋”其实是非常容易搭配的。即使赋予它“百搭神器”的称号也一点儿不过分。在夏季，穿上这双鞋，露出晒成古铜色的双脚，或在冬季搭配棉质、羊毛短袜或者半透明连裤袜（炭黑色、海军蓝、灰色、印花都可以），你就能成为人群中最耀眼那个。即使这双鞋是你鞋柜里的异类，也不必担心。因为你会发现，不论是白天出门还是夜晚聚会，只要有了它，你就可以百变造型随心搭。与其把它们闲置在鞋柜里，不如若无其事地穿上它们吧！初次尝试时，我们建议你搭配牛仔裤和T恤。简洁是调和亮色最有效的方法。啊，我的运动鞋上也可以有亮片吗？当然了。慢慢地，你就会抛开“太显眼”的顾虑，并且大胆地穿上衣橱里的衣服去搭配它们了。

如果你感到害羞，那么我们可以从最基础的搭配开始：

- 牛仔裤+灰色羊毛衫+金色德比鞋
- 纯白色卡其裤+海军风毛呢大衣+亮片高跟短筒靴
- 九分长裤+条纹上衣+金色芭蕾鞋
- 夏季米色棉纱短裙+闪光凉鞋

搭配印花或其他更多变的元素：

- 碎花裙+金色玛丽珍鞋
- 格子长裤+牛仔衬衣+闪亮德比鞋

Underground朋克风厚底鞋（Creepers）

- 孔雀绿皮裤+背心+金色凉鞋
- 米色铅笔裙+金色浅口鞋

除了黑色之外，我们还有更灵动的色彩：比如粉米色系、焦糖色、板栗色、灰色、卡其色、海军蓝和紫红色都很衬金色。

当然了，别把你闪闪发亮的美鞋和其他嘉年华风的衣服搭配在一起（带亮片的羊毛衫和亮片裙）：不要适得其反，因为太多的亮色反而会抹杀它的美丽。

你也可以考虑银色的鞋：毕竟搭配手册千篇一律，但每个人的品味都是独特的。

帕洛玛·芭海尔，大学生。身穿慢跑长裤、弗雷德·马尔卓金色高跟鞋。

米歇尔·维维安的凉鞋如此柔软，我们甚至可以把它折起来塞进箱子里。

记者、SHOOOOES 博客的创始人

玛蒂尔德·杜勒（Mathilde Toulot）

在美国，博主简·艾尔德里奇有着一头红棕色的秀发和无数漂亮迷人的鞋子。人们喜欢她的鞋子和她关于鞋子的博客。而在法国，我们喜爱玛蒂尔德才华横溢的文风和她的鞋柜。

你的热情是何时萌发的？

我小时候最喜欢的事情就是问我母亲，能借我一双查尔斯·卓丹的高跟鞋，让我去花园里散步吗？我之所以这么做，并非只是因为爱慕那曼妙的身姿，也不是为了练习走路，我想要的是了解每双鞋背后的故事。每一双鞋都代表着一个坚强、活跃、掌握自己的人生并拥有自己一片天的女性吗？我的心中总是对此充满了疑惑。

你如何看待女人们对鞋的迷恋？

鞋子总是和女性魅力、自信以及女人味儿有着千丝万缕的联系（穿上高跟鞋的女人究竟是强势的还是柔弱的？）。即使我厌恶这些陈词滥调，分析各式鞋子却也是一件趣事。鞋子娇小，不惹眼，又容易买，比起裙子，它带来的麻烦更少，无论身材如何，我们都可以尝试很多鞋子。一眨眼的工夫，一双鞋就能够改变全身的装扮，是不是很有趣？

你更青睐高跟鞋还是平底鞋？

虽然我非常喜欢高跟鞋，但我更热爱自由。当我踩着高跟鞋时，我的身体总是摇摇晃晃的，但我还要努力地保持平衡。所以，我不得不把注意力集中在这一件无用的事情上。如果脚再疼的话，我就更没有心思去思考其他事情了。我想把自己的时间留给更有意义的事情。

本杰明 · 尼托(Benjamin Nito)摄

“如何挑选一双漂亮的鞋子?靠它上面的亮片呀!我开玩笑的。”

你是一个购物狂吗?

我不是一个购物狂。但有时,我宁愿自己能疯狂一些。购物时,我有明确的目标,并总会思虑再三。但过去当我焦虑的时候,我就会“疯狂”购物,比如我那双Church's的德比鞋就是这么买来的。但值得庆幸的是,即便是在那个时候,我买的鞋子还算“有用”。

你是如何爱上这些鞋子的?

因为这些鞋子总是既实用好穿又可爱迷人。我的圣罗兰亮片红唇低跟鞋就是很好的例子。当然,我也有许多同一款式的鞋子,比如黑色短靴。这是因为我对黑色短靴有一种包法利夫人式的情结——我从不感到满足,并一直在寻找那双完美的黑色短靴。

美鞋的标准是什么?

做工与设计,由顶级大师手工制作的鞋子。如果一双鞋是廉价塑料做成的,鞋上全是胶水痕迹,就算款式再讨喜,我也会立刻退避三舍。

有不磨脚的高跟鞋吗?

没有不磨脚的高跟鞋,只有撒谎说它不磨脚的女人。

你觉得当今的设计师们怎么样?

法国的设计师团队可谓人才济济:阿梅里 · 皮卡尔(Amélie Pichard)、弗雷德 · 马尔卓、奥莉维亚 · 高奈(Olivia Cognet)和年轻的托马斯 · 勒万(Thomas Lieuvin)都十分出色。我非常青睐安妮 · 布鲁(Anne Blum)推出的品牌Flamingos,她从事顶级鞋履代理超过20年。国外的设计师则有三大巨头,他们分别是:夏洛特 · 奥林匹亚(Charlotte Olympia),尼可拉斯 · 科克伍德(Nicholas Kirkwood)和塔碧瑟 · 西蒙斯(Tabitha Simmons)。索菲娅 · 韦伯斯特(Sophia Webster)是顶尖的英国设计师,走英伦路线。风格截然不同的弗朗索 · 胡索(Francesco Russo)也同样称得上独领风骚。

艾德琳·胡塞尔，珠宝设计师。
新百伦(New Balance)运动鞋、李维斯牛仔裤、爱马仕斜挎皮包、Julie Barne大衣、LL.Bean手提包。

运动鞋
也能穿得优雅

40年光阴飞逝，运动鞋终于从纽约哈勒姆区（Harlem）走上了香奈儿高定秀的T台。自1970年以来，随着嘻哈文化的兴起，曾经叱咤球场的运动鞋成了嘻哈文化爱好者们的新宠。对于跑道上的飞人、舞台上的说唱歌手以及想要穿出个性的人来说，没有比运动鞋更好、更简单的选择了！

对于20世纪80年代的流行音乐人来说，一双系带运动鞋和一顶袋鼠帽就是标配。每个在乎自己身份的流行音乐人，永远不会不带刷子就出门，为的就是随时保持鞋子清洁，让自己的爱鞋一直光洁如新、闪闪发光。1982年，说唱乐队Run-DMC的歌曲《我的阿迪达斯》风靡全球。Run-DMC乐队随后签下了史上首个非运动员代言的运动鞋广告合约，金额高达100万美金，产品的销售也是异常火爆。从那时起，所有运动品牌都渴望能在运动鞋这个巨大的市场中分得一杯羹。每个品牌都邀请了说唱明星为自己代言。比如，耐克和Heavy D，匡威和 Busy Bee，斐乐（Fila）和Fresh Gordon等。

之后，耐克对年轻的球星迈克尔·乔丹寄予了厚望，并推出了飞人乔丹（Air Jordan）系列运动鞋，将这股运动鞋的风潮推向极致。这次巨大的成功也让耐克萌生推出限量款的念头。运动鞋于是成了某些收藏家心中的梦想。在易趣网上，限量款球鞋的价格高得惊人，仅一双锐步（Reebok Pump）20周年纪念款就高达3999.99美元。这样的价格足以让众多买家望而却步。

霍根（Hogan）品牌的运动鞋，
设计师为凯迪·格朗。

如今，由于在都市时尚的潮流中大放异彩，运动鞋和运动的关联反而非常薄弱。不过，当20世纪90年代的纽约打工女郎把运动鞋当作应急备用鞋时，法国女人就已经嗅到了它们潜在的时尚气息。她们会精心挑选时尚的鞋款，不会为了方便和舒适就穿上被称为“总统慢跑鞋”的新百伦。阿迪达斯的 Gazelle 或斯坦·史密斯，耐克的Waffle系列，匡威的All Star，范斯（Vans）的Era等，是她们的最爱。每个人都可以选择自己青睐的鞋款，即使经常更换不同的品牌也无所谓，毕竟在时尚圈，任何人都不会对女人的善变表示惊讶。

如何让脚上的运动鞋变得耀眼夺目，法国女人有自己的好方法

在嘻哈风潮和累脚的高跟鞋之间，她们发现了第三种可能：一点点的标新立异+小资的优雅。精致的衣裙与运动元素混搭可以打造出“毫不费力的优雅”，而驾驭这种风格则一直是她们的强项。是的，她们不仅能把自己的外表雕琢得十分精致，同时还能保持从容自得。运动鞋让她们稍稍远离那种过度粉饰的优雅。那么法国女人究竟是精致优雅的，还是潇洒从容的呢？二者都不是。她们知道如何把这两种极端的风格恰到好处地融合在一起。比如，网袜搭配锐步、威尔士亲王格子搭配斯坦·史密斯、真丝绸缎搭配匡威等。

荧光运动鞋能为沉闷的装扮添上几分活力。

出自设计师之手的运动鞋是必备款吗？

我们有很多的选择。比如，香奈儿、马丁·马吉拉（Martin Margiela）、迪奥、伊莎贝尔·玛兰（Isabel Marant）、路易威登、坎耶·维斯特（Kanye West）等。我们可以挑选那些由时尚设计师们一手打造的运动鞋。比如皮埃尔·哈迪在2008年推出的大名鼎鼎的限量款Colorama板鞋。这款热销的板鞋很快成了大众追捧的对象。商家则抓住良机，每季都推出该系列的新款。

鞋子上精心设计的那些细节，比如，坡跟、刺绣和亮片，确保了运动鞋时尚单品的地位。但对于较为保守的时尚人士，她们更偏爱在运动鞋专柜购买，而不是去痛苦地搜罗潮款。此外，得益于精湛的工艺和用心的设计，运动鞋不仅具有舒适柔软的鞋底，还有良好的减震功能、极高的透气性和轻便性，这些富有吸引力的鞋子轻易地俘获了美人们的芳心。即使不是慢跑的日子，也把它们穿出门吧。

> 因为我总是在巴黎骑自行车，所以很少穿高跟鞋。一旦穿着高跟鞋骑车，我看上去就像一只蚂蚱。

艾德琳·胡塞尔

运动鞋怎么穿才好看？

当然，运动鞋并不是最优雅的鞋子。可是，那又怎样呢？难道你真的想一年365天都那么精致优雅吗？给自己放个假吧，开心就好。

搭配慢跑裤和牛仔裤，这简直是作弊。运动鞋的时尚感能让你的衣橱焕然一新或者给基本款增添一份随性。

范例：海军蓝羊毛长裤+衬衫+耐克彩色跑鞋

保持高雅的格调，搭配剪裁精良、质量上乘的服装。如果你已经过了25岁，那么请扔掉那些不合身的羊毛衫和褪色的牛仔裤吧。

范例：做工严谨的西装外套+灰色V领羊绒衫+九分裤+斯坦·史密斯运动鞋

大胆穿出去！在时髦的酒会或非正式的晚宴上，一身超级有女人味儿的装扮再配上一双运动鞋一定会让人眼前一亮。

范例：T恤+铅笔皮裙+新百伦运动鞋

搭配禁区！

白色运动鞋： 不知道为什么，除了斯坦·史密斯和匡威，其他所有白色运动鞋都让人联想到外科医生穿的小白鞋。请避免全身白色的搭配。

银色运动鞋： 若不想和整容成瘾的伯达诺夫（Bogdanoff）兄弟联系在一起，请避免全身银光闪闪。所谓过犹不及。你可以选择白色卡其裤和厚呢大衣来搭配银色运动鞋。

带亮片的运动鞋： 如果你是为了给乏味的装扮带来一点活力，当然可以。但千万不要搭配毛边迷你短裤和假指甲。但如果你是为了给饶舌歌手梅西·埃丽奥特的MV试镜，那就另当别论了。

黑色运动鞋： 啊，抱歉我们刚刚打了个呵欠！搭配运动鞋是为了让造型更有活力，而不是让它显得沉闷的。请不要胆怯或犹豫。但这也不是必须的，毕竟没人会逼你喜欢它们。

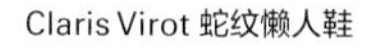
Claris Virot 蛇纹懒人鞋

每个人的鞋柜里都有一双匡威鞋（至少一双）。

带有动物图案的运动鞋： 豹纹、虎纹、蛇纹……动物园成了灵感的源泉。但请不要把它们和一身过于闪亮的造型搭配在一起。极简才是精华，你才是真正的驾驭者。

那么坡跟运动鞋呢？ 它们既有人爱也有人厌。2008年，伊莎贝尔·玛兰推出了这种坡跟运动鞋。它们更像矫形鞋而非高跟鞋。此后，众多小品牌开始争相模仿。但这种鞋子并不好穿。由于遮住了腿部最细的脚踝，它们可能会让双腿显得更粗。总而言之，这就是一双为苗条和瘦高女孩准备的鞋子，事实就是这样。

“我欣然接受自己的身高，所以会穿高跟鞋。但我有时也会在意自己的身高，因为当我穿上高跟鞋时，快有两米了！”

马蒂吉斯姆身穿＆Other Stories连衣裙、耐克与柯莱特（Colette）合作推出和运动鞋，手拿Aldo化妆包。

我们推荐Sawa Shoes的鞋子。它们全都在埃塞尔比亚生产，并且所有原材料来自非洲。

保养小贴士

想让鞋底变得白净光洁，只需一把普通的牙刷和一筒牙膏。

想让皮革光亮如新，一点点的植物油和润肤霜就足够了。

白色的球鞋是可以机洗的，当然，你也可以像嘻哈天王Jay-Z那样每天换一双新鞋！

穿鞋之前，先做好防水处理，这样不仅能防止鞋子沾上污渍，还方便清洁鞋面。

用数字说话！

1918年：匡威查克·泰勒全明星帆布鞋诞生。

1964年：阿迪达斯的斯坦·史密斯系列问世，并于2013年再次推出。

1973年：彪马创立。

1984年：耐克的飞人乔丹系列问世。

1989年：锐步诞生。

2000年：达蒙·达实（Damon Dash）拥有2000双不同颜色、款式的鞋子，即使每天换一双，也要5年多才能穿完。

1500万：2004年耐克空军一号（Air Force One）的全球销量达1500万双。

300亿：运动鞋的全球销售总额为300亿美元。

本西蒙(Bensimon)帆布鞋

人们说起本西蒙，就如同谈到歌剧女王卡拉斯（La Callas）一样。这种极其法式的帆布鞋起源于军队的健身房，1980年，塞尔日 · 本西蒙（Serge Bensimon）改变了它的风格。如今，巴黎人的鞋柜快要被它攻占了。它丰富的颜色也吸引了法国*ELLE*杂志的编辑们。接着，国际最知名的女性杂志也陆续向它投去了赞赏的目光。它的鞋底由橡胶制成，鞋面则是经过染色脱酸的棉布，因此，它的鞋面没有一丝褶皱。这些鞋总是在欧洲最好的工厂里生产。本西蒙在社交网站脸谱网上拥有6万粉丝，每季都会推出20种花色。限量款、印花款、秋冬款以及与知名设计师，如让-保罗 · 高缇耶（Jean-Paul Gaultier）和唐纳 · 卡兰（Donna Karan）的合作款一应俱全。本西蒙的魅力是不分年代、不分季节也不分性别的。

鞋履设计师

皮埃尔·哈迪(Pierre Hardy)

如果一个男人一个劲儿地盯着你的腿看，别担心，他并没有恶意，因为他是我们最喜爱的鞋履设计师之一，这只是他的“小怪癖”而已。

你是如何成为一名鞋履设计师的?

这是命运偶然的安排，也要归因于我对绘画的热爱。我的姑姑安托瓦内特是一位美术教授，她认为我很有天赋。于是，她说服了我的父母，让我踏上了这条路。小时候，整个夏天我都在绘画中度过。为我脑海中的角色们设计衣服、配饰和鞋子。我先用钢笔勾勒出草图，然后再用水彩上色。当我开始学习应用艺术时，我几乎什么都做，从结构解析到建筑布局，我都很喜欢。在我的学业接近尾声的时候，我决定成为一名老师，因为我不愿做出取舍。此外，这也是我唯一了解的职业，因为我的父母都是教授。

随着我认识的人越来越多，我开始为《绘画时尚》绘制插图。这本精彩的杂志由普斯贝尔·阿索里尼创办。之后，在一位经纪人朋友的介绍下，我开始为一些品牌工作。机缘巧合下，我开始为迪奥工作。当时，它已是全球知名品牌。刚开始时，由于工程浩大，我有些手足无措。我既要申请许可、打理店铺，还要负责缝制。不过，我在实践中学会了构思主题、设计款式和查找资料。现在，这一切似乎都是水到渠成的。

你的品牌越来越知名了，请问你对未来有什么规划吗?

我想继续把“时尚领导者”这个概念与商业结合起来，这是极其困难的。但我不接受某种折中，因为这是人生的选择。我很欣赏阿瑟丁·阿拉亚(Azzedine Alaïa)的工作方式，可以同时保持自由。正如你所知，皮埃尔·哈迪面对的都是财力雄厚的大品牌。

鞋子是一种独立的配饰，它应当有自己的命运。当设计一双鞋子时，我们就参与到了造型设计的点滴之中。有的鞋子是为了隐没在

皮埃尔·伊文(Pierre Even)摄

整体造型中，有的则是为了突显它。我试图设计的鞋子不是服装的简单延伸。我的鞋子是为大胆的、特立独行的、不试图打入主流的女性设计的。穿皮埃尔·哈迪的女人是精致考究的，她想要的是与众不同的东西，她知道如何摆脱千篇一律。这也是我没有缪斯女神的原因之一，因为我尝试描绘的美，是一种为众人而生的美，并非只为一位缪斯女神而造。

你观察过街上的女士们所穿的鞋吗？

是的，当然了。我既观察她们的鞋也留意她们的双腿，我观察这些女士和她们的走姿。我对美腿很敏感，我并不会介意壮实一些的腿，过于纤细的腿也不一定美，可纤瘦的脚踝却很吸引我。至于高跟鞋的高度，我认为我们已经达到了极限，过于夸张的高度反而会让走姿变得粗俗不雅。

你眼中的法国女人是什么样的？

法国女人是真实的，也是从容的。她们为悦己而容。

“我以前甚至不知道设计鞋子居然也是一种职业！”

维多利亚·罗曼诺，店长。塔拉·贾蒙（Tara Jarmon）连衣裙、Pare Gabia帆布凉鞋、Campomaggi帆布包、巴黎世家和蒂芙尼手镯、波米雷特（PomEllato）戒指和萧邦项链。

舒适的凉鞋

只要几条狭长的带子，一个皮质鞋底，就能参加仲夏夜晚会，拥有古铜色双足、自由的气息和久违的性感。啊！假如生活能永远如此简单就好了！

> “假期里，不论什么造型，我都会搭配凉鞋，
> 只要巴黎的天气一热，我就会穿上它们。”
>
> **玛丽娜·德·加达诺**

每个文明都有自己独特的凉鞋，只是款式和材料各不相同而已：埃及人使用纸莎草，波斯人使用木头，西班牙人使用皮绳，罗马的贵妇则脚踏珍贵的宝石和纯金，希腊的天神海尔梅斯甚至踏着一双带翅膀的凉鞋，可奴隶们只能光着脚。长期以来，凉鞋一直被遗忘在古代和19世纪学院派的画作里，如大卫（David）的名作《荷拉斯兄弟之誓》。直到20世纪初凉鞋才重新回到大众的视野里，从此一直存在于人们的鞋柜之中。但直到1940年，凉鞋仍被认为是有失体面的。嬉皮运动（Flower Power）扭转了凉鞋下流的形象并使之成了反文化运动的标志。杰奎琳·肯尼迪——后来的奥纳西斯夫人则成就了坎福拉（Canfora）凉鞋的传奇。时至今日，为了表达对她的敬意，这个来自卡布里岛（Capri）最著名的品牌还推出了“像杰姬一样”（Like Jackie）系列凉鞋，收纳了杰奎琳·肯尼迪——美国前第一夫人，最喜欢的那些鞋款。

永恒的经典

这是一种极致简约又高雅的凉鞋。凭借它的美丽，这种鞋底和绑带均由皮革制成的凉鞋非常受人喜爱。这些凉鞋的产地大多是法国或意大利，而非印度。价格也会更昂贵，但鞋子却更加牢固。这类凉鞋中最著名的要数圣托佩凉鞋和T字鞋了，它们也是品牌Rondini不可错过的经典款式。Rondini于1927年在圣托佩（Saint-Tropez）创立。

Atelier Mercadal平底凉鞋

朱塞佩·萨诺第（Guiseppe Zanotti）
红色凉鞋

“托马斯·勒万是一位十分年轻、敏感、可爱、有活力、时髦的设计师。他设计的鞋子非常梦幻，又相当舒适。”

斯特芬妮·拉卡尔，时尚顾问。飒拉大衣、Angels de Shine套头运动衫、Essential包、托马斯·勒万高跟凉鞋。

真正的圣托佩凉鞋是为法国女人而生的，Rondini品牌的凉鞋通常由位于乔治-克列孟梭街（Georges-Clemenceau）的车间生产。这款凉鞋既经典又百搭，母亲的凉鞋甚至可以传给女儿。所有夏季或都市风的服装都可以搭配这种凉鞋，但一定要有光滑的双脚和完美的脚趾才行。白色牛仔裤、运动衫或牛仔短裤都是搭配佳品。请大胆尝试一些率真或奔放的颜色，比如蟒纹或漆皮，绝对能让简单的连衣裙或破洞牛仔裤大大加分。当然，大名鼎鼎的萝卜裤也不错。多亏了克里斯多夫·德卡曼，他在巴尔曼（Balmain）工作时于2009年重新推出了这种20世纪60年代红极一时的裤子。只要一条萝卜裤，一双凉鞋，你就可以拥有电影《罗马假日》和《私人生活》里女主角美丽迷人的身姿了。想必不用说你也知道，宁愿穿着简洁的凉鞋，也不要踩着最近重新设计推出的塑料运动凉拖。

朝圣之路

或许是厌倦了那些过于显眼的名牌商标，许多女人都成了"修女"凉鞋的疯狂爱好者。这种凉鞋的设计灵感源于修女们的凉鞋。如今，法国和西班牙纳瓦拉的修道院里还生产着这种凉鞋。不少设计师都由此受到了启发，但他们能否为这种凉鞋带来一点儿新意呢？几个世纪以来，这种凉鞋的外形和制作工艺几乎没有改变，它是修女们朴素作风的象征。这种由原色或褐色皮革制成的鞋子很坚固，鞋底也十分耐磨。因此，这种凉鞋就像朝圣之路一样，风格坚定难以改变。这种鞋很难变得更有魅力。即便柯洛·塞维尼（Chloé Sevigny）穿上它，配上白色短袜，出现在科切拉音乐节（Coachella Music Festival）的现场，也无济于事。这是一种典型的中产阶级凉鞋，它在法国左岸或大西洋海岸很受欢迎，比稍显浮夸的里维埃拉（Riviera）懒人鞋要优雅得多。

舒适至上

一直以来，法国女人都把造型放在第一位。最初，巴黎女人很瞧不起这种外观像矫正鞋，德国、美国观光客最爱的，不知道如何发音的凉鞋——勃肯鞋（Birkenstock）。越南战争时期，美国校园里反战的大学生就穿上了这种鞋子，但直到1990年，法国女人才坦然接受了这款鞋。可谁能想到，这种如此粗犷的凉鞋会在几年之内成为时尚界的宠儿？几乎所有好莱坞明星和大部分引领潮流的巴黎女郎都对它钟爱有加。在法国，你总能找到独一无二的花色，商家们早已为这种德系凉鞋注入了巴黎的时尚风情。法国女人更喜欢光脚穿这种鞋，露出她们涂得绚丽多彩的脚指甲，以精巧别致的穿着混搭勃肯凉鞋粗犷调皮的风格。

Mellow Yellow 凉鞋，
灵感源自精致的修女鞋。

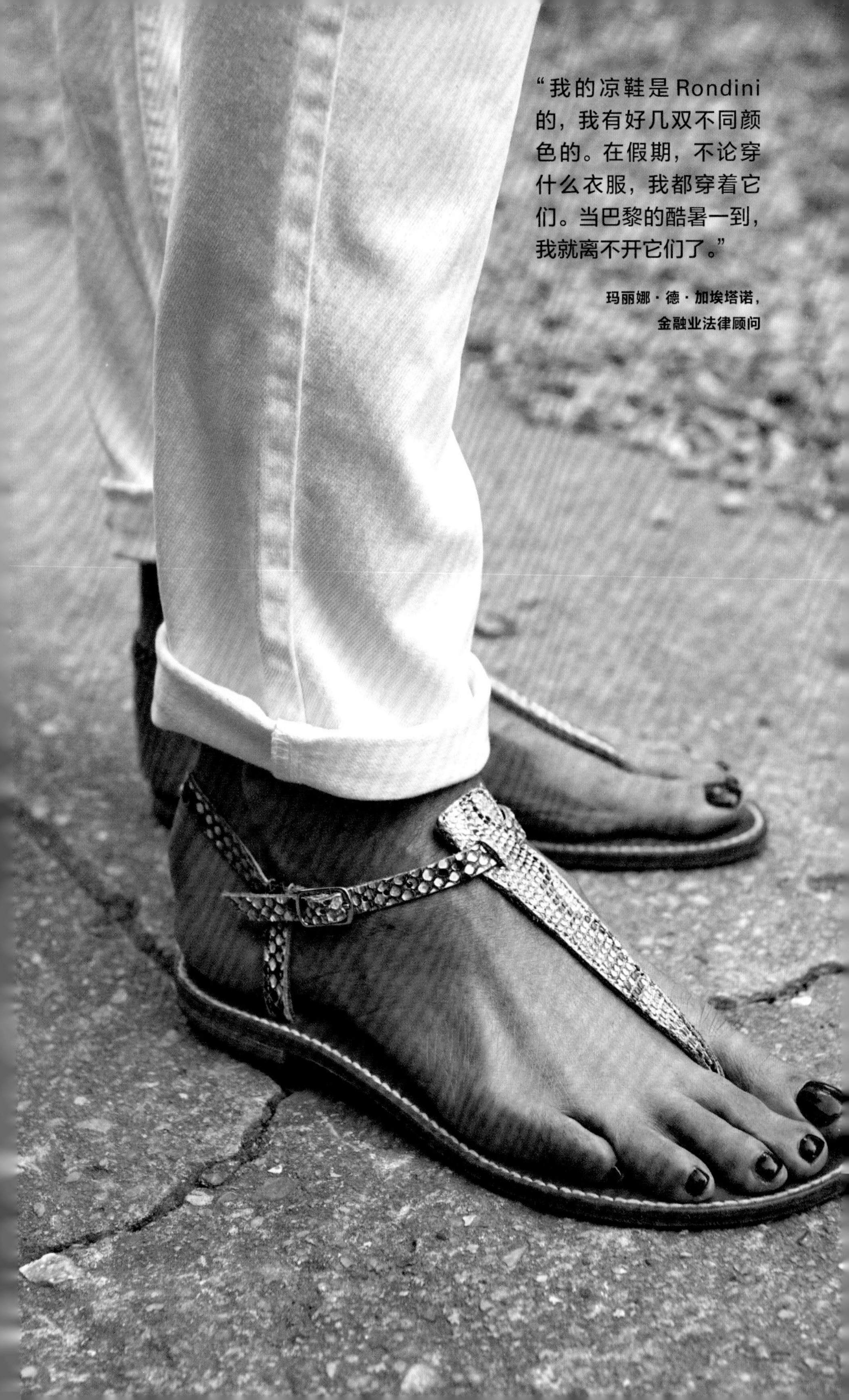

“我的凉鞋是 Rondini 的，我有好几双不同颜色的。在假期，不论穿什么衣服，我都穿着它们。当巴黎的酷暑一到，我就离不开它们了。”

玛丽娜·德·加埃塔诺，
金融业法律顾问

zurée
CANNES

Azurée品牌的透明凉鞋，
该品牌的生产线位于戛纳市中心。

2013年的夏天，设计师菲比·费罗推出了带有水貂毛的新款，重新掀起了一股勃肯鞋的风潮。J.Crew和亚历山大·王（Alexander Wang）也从该品牌既舒适又坚固的鞋款中汲取了灵感。知名博主嘉兰丝·杜雷（Garance Doré）也对这款鞋颇为倾心，她甚至还在照片墙（Instagram）上贴出了自己穿着袜子搭配勃肯鞋的照片。如果厌倦了平底鞋，你也可以为自己买一双由斯特拉·麦卡特尼（Stella McCartney）重新设计的勃肯鞋。这款鞋按照高跟鞋的样式打造，配有软木鞋底、细高跟以及著名的环形扣带。

塑料鞋也有春天

小时候钓虾时，我们都穿过便宜的“果冻鞋”。1946年，这款著名的鞋子在多姆山省诞生，而它真正的名字叫作“萨黑鞋”（La Sarraizienne）。最初，人们把这种用柔软塑料制成，鞋底坚固，并带有防滑鞋钉的鞋子当作工作鞋，在法国的西非殖民地使用。60年代，外出度假的法国人把它们带到了海边。此后，光是作为海滩休闲鞋，这款鞋就卖出了100多万双。

凡妮莎 · 碧赛莉，Dear Charlotte Paris的珠宝设计师。 飒拉长裤、The Kooples 衬衣、朱塞佩 · 萨诺第包、Stella Luna 凉鞋。

“在法文版 *VOGUE* 杂志工作的七年时光，我学会了如何穿高跟鞋。那是一种极致的法式优雅。”

普拉亚(Playa)高跟凉鞋，
为外出赴宴而设计。

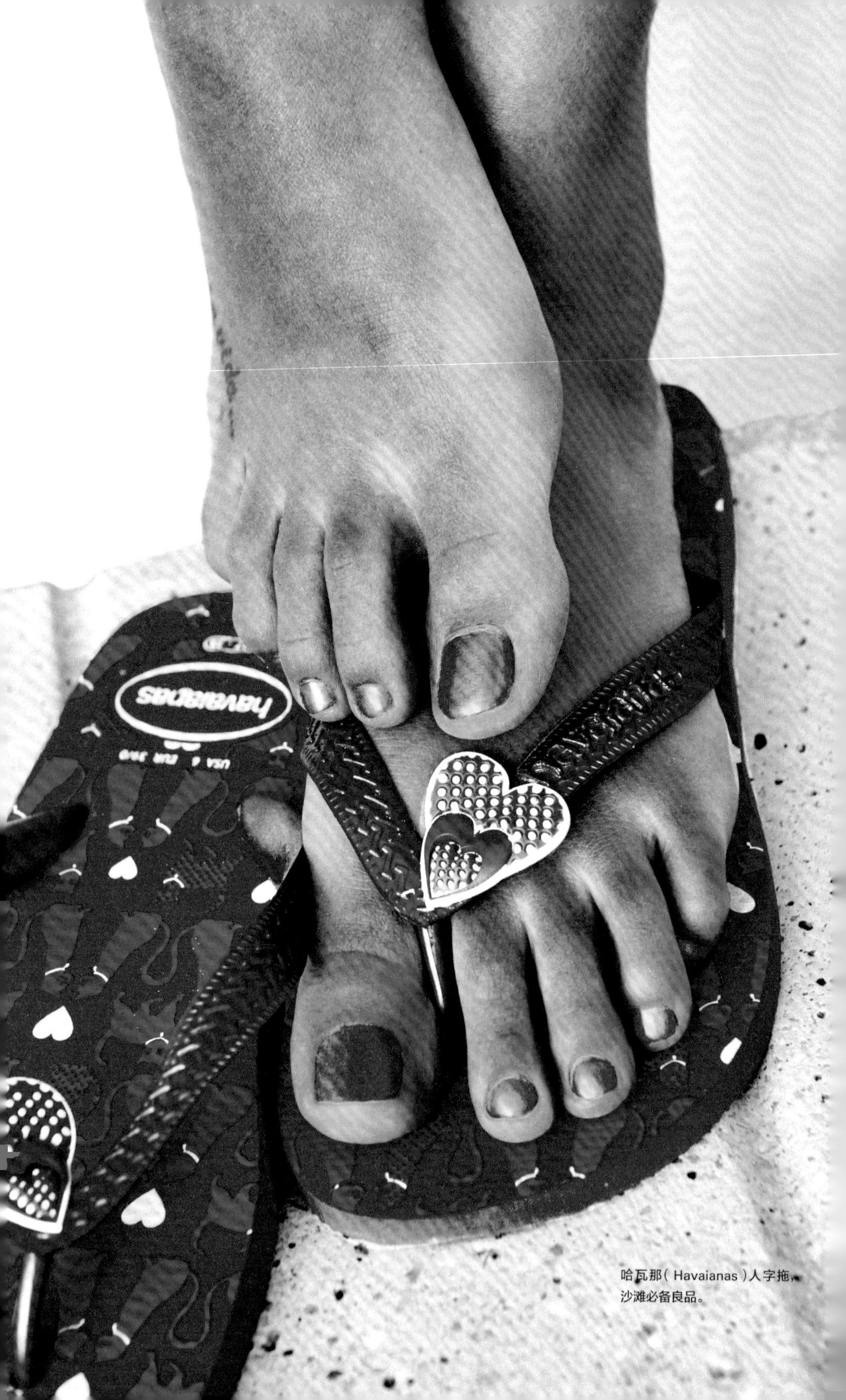

哈瓦那（Havaianas）人字拖，
沙滩必备良品。

Delage品牌的坡跟凉鞋

2003年，Humeau-Beaupréau公司重新买下了萨黑鞋的生产设备，并注册了“水母鞋”这个名称，其年产量高达50万双。这种沙滩凉鞋同样受到了红毯达人的青睐，影星安妮·海瑟薇、艾丽·范宁就曾被拍到穿着淡粉色的果冻凉鞋。不过，塑料凉鞋的最大赢家却是来自巴西的品牌梅丽莎（Melissa）。1979年，受法国“水母鞋”的启发，梅丽莎推出了Aranha系列鞋款。随后由维维安·韦斯特伍德（Vivienne Westwood）和吴季刚（Jason Wu）等知名设计师操刀的，用回收的塑料制成的芭蕾鞋、凉鞋与高跟鞋征服了全世界。

塑料凉鞋不再是带薪假期的专属品，那些时髦、高端的鞋履品牌也开始尝试这种鞋款。Topshop推出了彩色和亮片款，纪梵希推出了低跟款。以塑料平底人字拖而成名的巴西企业依帕内玛（Ipanema）扩大了自家产品的范围，使其涵盖了塑料凉鞋的所有种类。

别再穿人字拖了！

你知道吗？人字拖穿得太多，不仅伤害双脚，还会累及全身。因为为了夹紧人字拖，脚趾的肌肉必须收缩，哪怕时间不长，脚部也要一直用力。如果时间长的话，肌腱就会受损，脚趾会变形。足底同样会不舒服。因为人字拖太平了，没有一点儿弧度。全身的骨骼，从脚踝、后跟，再到脊柱都要努力适应它。同理，为了能更好地固定鞋子，请你优先选择有带的凉鞋。千万别在市区穿人字拖，一点也不优雅，更不用说“啪嗒啪嗒”的响声，也别像马克·扎克伯格一样搭配短袜。

一双人字拖可能藏有一万八千多个细菌！所以请定期清洗你的拖鞋，尤其是那些塑料人字拖，务必经常更换。

小知识

每只脚有26块骨头、
20块肌肉和33个关节。

同名品牌时尚总监

瓦尔特·斯泰格（Walter Steiger）

他是性感的曲跟高跟鞋的发明者。世上最高贵的女人们都穿上了这种令人惊奇的曲跟高跟鞋，同时他也是设计平底鞋的大师。

我设计舒适好穿的鞋子，比如拥有轻松氛围的平底鞋和有超高防水台的高跟鞋，但必须承认的是，我更享受设计高跟鞋。此外，许多人询问我们是否还生产之前推出的男鞋女穿系列。于是，我用橡胶鞋底重新打造了这款吸烟平底鞋。这款女鞋已经上市四个季度了。直到今天，它还是我们卖得最好的产品。

在你看来，我们对鞋履执着的热情来自哪里?

我认为，鞋子改变了女人走路的姿态，美化了腿型，让她们在男人的眼中变得更性感，也更有吸引力。这种魔力把鞋子变成女性魅力不可或缺的一部分。不过，高雅的并不是我们脚上的鞋子，而是我们穿鞋的方式！很明显，如果女性能优雅地穿高跟鞋，那就再好不过了。常言道，“高跟鞋越高，女人就越性感”。其实，走路的姿态也是决定一个女人性感与否的关键。

你知道维多利亚·贝克汉姆是如何做到怀里抱着她的小女儿，脚踩着你设计的12厘米高跟鞋，还能如此坦然自若吗?

这其中的秘诀就是：她所穿的短靴有极佳的足弓弧度和防水台，这一切都是为了让女性能够穿着它走上一整天而精心设计的。维多利亚·贝克汉姆是在巴尼斯精品店（Barney's）买的这双鞋。她一定是在穿过之后，请助手联系我们洽谈合作的。

马里奥・查尼哈铎（Mario Zanirato）摄

“高雅的并不是我们脚上的鞋子，而是我们穿鞋的方式！”

著名的曲跟高跟鞋

你有很多的粉丝吗？

每次去纽约旅游，我都会去公园大道的店里看看，我总能在那儿遇到一些我的忠实客户。我想，她们从1970年起，就开始购买我的鞋子了，她们总是购买一个系列里最有个性的那些款式，在我看来，她们比我还了解我的作品。我非常自豪地认为，即使时光荏苒，岁月飞逝，我的风格也将永存。

真的有适合所有女性的鞋子吗？

恐怕没有。因为每个女人都是独一无二的，她有自己的风格，自己的气质。在最近的几个季度里，运动鞋似乎成了一股相当大众的潮流，即使它们能够迎合所有脚型，这也是不可能的。

最近10年或20年，女性的品味是如何变化的？

这是个很奇怪的现象。如今的时尚变得越来越尖锐。与此同时，追随潮流的人变得越来越少了。

法式灵感依然存在吗？法国女人对鞋有独特的品味吗？

20岁的时候，我第一次来到巴黎，因为对我来说，巴黎是时尚的中心，我希望50年之后，巴黎依然是，并将永远都是最具时尚创造力的地方。即使其他城市也提供了一些可能，但大部分的时尚潮流还是从巴黎发端的。于我而言，巴黎女人永远是时尚的典范。

哪些鞋款适合你

这世上，有的女人疯狂崇尚美鞋，有的女人则发誓："有生之年，绝不会为此痴狂！"还有的女人——通常她们是同一批人，最终也沦陷其中。女人都是善变的。不过，这很正常。因为即使难以驾驭，这些臭名昭著的鞋子也可能让你芳心大悦。精心的挑选和讲究的搭配是必要的。

过膝靴

勿选：穿着细高跟的过膝靴，你就像跌进电影《风月俏佳人》中的场景——给人一种"风月女郎"的印象。而穿上平跟及膝长靴，你就可以吸引侠盗罗宾汉了，因为你看上去就像穿靴子的猫一样。如果你选择了一双由弹性织物制成的尖头长靴，那么你只差没跨上重型摩托车……塑胶款就像是失败的坏女孩造型。过膝靴只适合腿细的人，这种长靴对腿型很挑剔，它既不能支撑软软的大腿，也不能包容结实的腿肚，就连粗一点儿的腿都不行。

请选：建议选择散发浓浓女人味儿的款式。这些用柔软皮革制成的长靴可以与腿部完美地贴合在一起，就像人体的第二层皮肤或紧身裤一样。那些由克莱雷利（Clergerie）、香奈儿、Alaïa、伊莎贝尔·玛兰反复推出的经典长靴总是最美丽的鞋款，给我们带来无限灵感。是的，它们的确配得上这样的称赞。为了搭配长靴，请你选择简洁朴素的衣风。长裤当然是不合适的，蛋糕裙也不行。一条装饰很少、长度在膝盖以上的直筒裙或精心挑选的紧身牛仔裤都是不错的选择。

牛仔靴

勿选：那些10厘米的高跟牛仔靴总是试图挤进我们的鞋柜。如果我们能把这种鞋穿得精致而优雅，那为什么不呢？但事实上，这很难做到。我们偏爱最原始的经典款：鞋面有缝线，鞋尖微微翘起，并带有小高跟的牛仔靴。但我们不建议从头到脚都是牛仔风。

请不要搭配乡村风的衬衫和过于宽大的浅色牛仔裤。你可以回顾一下美国西部片里那些牛仔女孩的穿衣风格。也就是说，你可以做一些改变，选择《欲望都市》那样的风格，而不是向《西部往事》看齐。

请选：我们还找到了许多从正统牛仔靴得到启发，但却更受欢迎的款式。例如著名的西部皮靴就推出了短靴款——木质鞋跟变得更直，鞋尖则变得更圆。Mexicana的牛仔靴和伊莎贝尔·玛兰著名的Dicker靴都是我们的推荐。尽管一直被模仿，但从未被超越。经过了精心的雕琢，牛仔靴终于可以搭配各种风格了。只要配上一条略显宽大的牛仔裤，就能让我们想起《乱点鸳鸯谱》里的梦露。牛仔靴为浪漫的蕾丝裙增添了几分野性，为彩色或带图案的长裤加了几分活力。夏天，牛仔靴总能让男友风牛仔短裤或半身短裙显得活泼而俏皮。

雪地靴

勿选：当你在滑雪场打算吃一顿奶酪火锅的时候，雪地靴就派上用场了。但当我们从这个场景抽身出来，情况就变得复杂了。这种鞋子是为了抵御极端严寒的天气和大都市里的暴雪而设计的，我们真的有必要穿着它们招摇吗？你真的这么怕冷吗？对于穿搭，你难道没了主意？在澳大利亚，还有一种和它类似的靴子——用翻羊皮制成的冲浪靴。这种鞋子的外形很像宇航员的太空鞋，只有在严寒降临或冲浪之后，人们才会穿它。千万不要搭配慵懒的装扮，因为它只会让你的造型变得更加无精打采。

请选：如果是极寒天气或是冲浪的话，还是穿上它吧。

凉拖鞋

勿选：平跟凉拖鞋看上去就像过去女仆穿的旧拖鞋，但高跟的却又像轻佻贵妇的鞋子。凉拖鞋千万不能将就马虎，必须保持干净。请避免又尖又翘的鞋头，以及老气的酒杯跟！

请选：20世纪60年代的性感尤物们都穿凉拖鞋。最好搭配精巧别致的怀旧复古风：长度及膝的铅笔裙+蒂塔·万提斯（Dita von Teese）同款紧身羊毛衫和九分紧身长裤+《广告狂人》里的女士衬衣。既然穿着凉拖鞋，就要踩着明确利落的步伐。

平跟凉拖鞋，同样也很美。

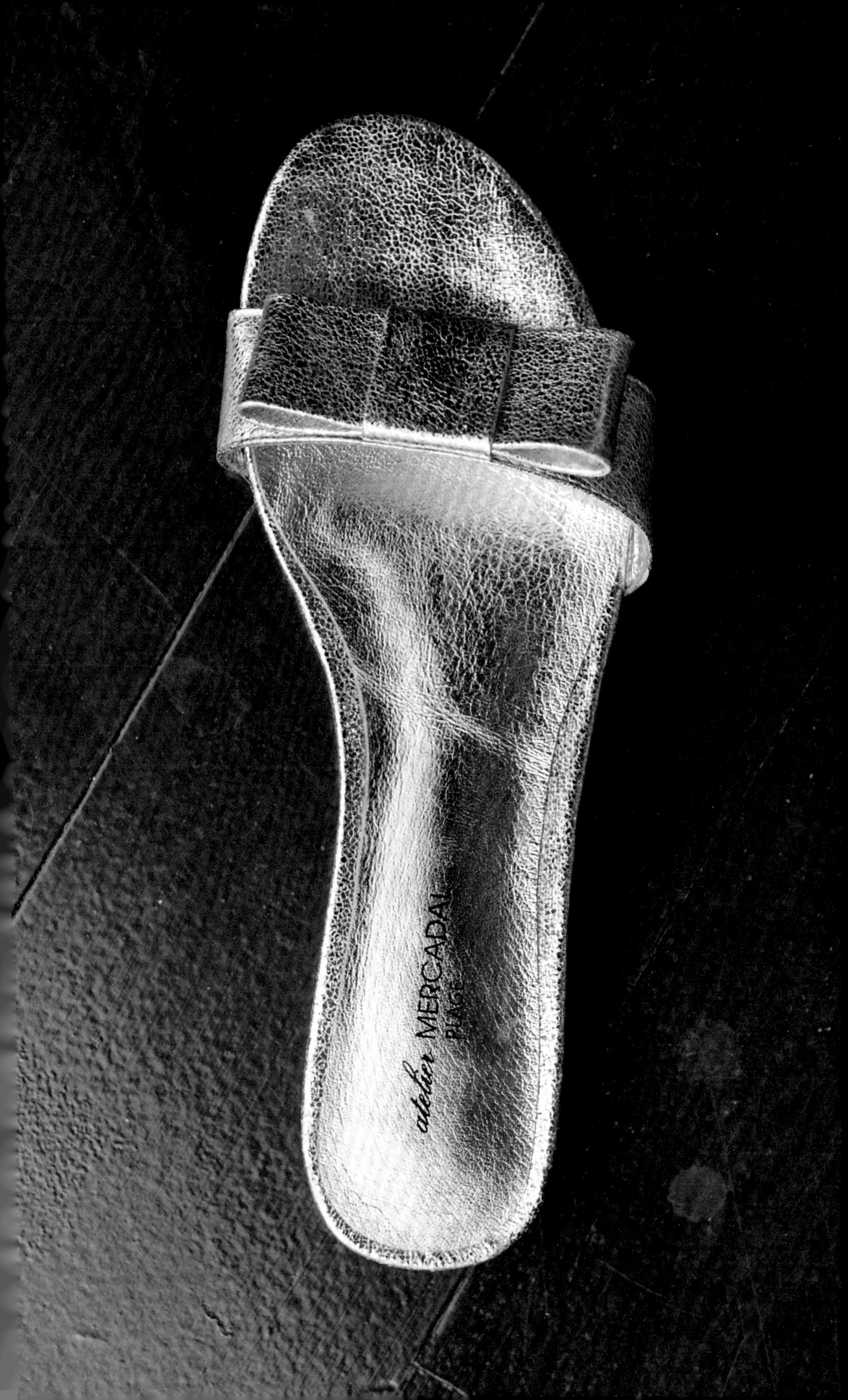
atelier MERCADAL
PLAGE

克拉丽丝·维洛特，设计师。H&M的牛仔背带裤、伊莎贝尔·玛兰衬衣和外套、Laurence Dacade 短靴、Luj首饰。

“我喜欢把它们混搭在一起，也常改变造型的风格，但总的来说，我是朴素而大方的，虽然没有过多的雕饰，但总能透出一点儿女人味儿。”

“我真的很难舍弃心爱的鞋子。我可以将一双长靴保留10年之久，哪怕它早就过时了，我对鞋子的爱近乎疯狂！我总是对自己说‘它们总有重新流行起来的一天’。”

瓦妮莎身穿Et Vous羊毛衫、7 For all Mankind牛仔裤、蔻依（Chloé）长靴，身背朗雯（Lanvin）包包。

木底鞋

勿选：如果走路时鞋底没有嗒嗒作响，那是因为你穿了一双塑料木屐（除非这是你的职业要求，如医疗业与餐饮业）。

请选：木屐、木底拖鞋和木底皮鞋只能容许木质鞋底的存在。是的，我们可以幻想自己是护士、艺伎或者小海蒂。尽管看上去有些生硬和笨重，但木底鞋却是相当舒适的，穿着它可以走上一整天。木底鞋比我们想象的更优雅，可搭配裙子、卡其裤或九分裤。在冬天不下雨的时候，我们也可以穿上短袜或羊毛袜。瑞典往事（Swedish Hasbeens）和Kerstin Adolphson品牌的木底鞋都是我们的推荐。

坡跟鞋

勿选：穿上厚底款，再来一条喇叭裤，你就可以马上穿越回20世纪70年代。除非你更喜欢90年代辣妹组合穿的坡跟运动鞋。如果是包口的坡跟高跟鞋，那么你就要当心变得老气横秋了。

请选：坡跟鞋既能使人更加高挑，又能保持平稳的步伐。如果再加上防水台，你还可以变得更高。我们要选择最轻盈、最精致的款式。

鞋履设计师

米歇尔·维维安(Michel Vivien)

偶然的机会下，热爱雕塑、刚满20岁的米歇尔·维维安设计了他的第一双女鞋。与朗雯、Carel、查尔斯·卓丹等知名品牌合作过后，维维安于1988年创立了自己的品牌。他独立且自由，巧妙地将前卫的现代感和对传统工艺的热爱结合了起来。

你是怎样的一位设计师?

我设计鞋子的时候并不盲目追随大众的潮流。我的任务就是让女性穿上一双双美鞋。这是一双优雅、合脚、舒适同时又不乏精致美感和创造力的鞋子。我的理想是设计出经典的性感鞋款，它不惧怕时光的流逝与岁月的变迁，因为它是永恒的。Karluz短靴就是一个很好的例子，这款9厘米的高跟鞋已经上市7年了，它是当之无愧的魅力神器。

为什么高跟鞋总让人浮想联翩？

因为鞋子是女人渴望得到的东西，它是双脚的时装，实现了女性对美的渴望。它是一个“圣杯”，里面盛满了所有关于时尚和女人味儿的幻想。穿上高跟鞋，那几厘米的鞋跟就会让女性与地面分离，并勾勒出她们的曲线。她们的双肩会因此自然地向后打开，身形也会变得修长。为此，她们必须挺胸抬头，骨盆前倾，并绷紧小腿的肌肉——小腿微微紧张是十分性感的。

在男性的幻想之中：穿上高跟鞋，女人的走姿就会变得不同。她们会迈出更缓慢的步伐，轻轻地摆动身体，并显出婀娜曼妙的姿态。穿着“恨天高”出门也是最近兴起的风潮。

我所设计的高跟鞋即使超过10厘米，足弓部分也不会超过某个高度，否则女性穿上它们之后，走路的姿态就会像机器人一样，既不自然，也不优雅。

你认为真正的奢华是什么?

“奢华”一词需要重新定义。首先，它是珍贵和与众不同的代名词，它应该不同于大众的潮流，以显出其本身的高贵，人们赞赏这种高贵，并把它视为艺术的杰作。奢华于我而

此照片受版权保护

言，是一种投资：分分秒秒，时时刻刻，为此投资的时间与心血。不过，传统的制作技艺已经遗失了不少。20世纪，人们培养一个工人要花费3年的时间，而现在，3个月就够了。奢华真正的回归，是品质与技艺的回归。如今，珍稀的奢华已经不存在了，看看那些机场的商店吧！每个国家、每座城市的机场里，人们总能看到千篇一律的店铺、相同的品牌和不计其数的同款商品。

你在众多女鞋设计师中有着卓越的声誉和地位。你认为女性们最赞赏的是什么？是鞋子的外观还是舒适度？

“舒适”本应是这个行业所追求的首要目标，但“舒适”一词已经不再时髦了。如果我有一双女人的脚，我仍会十分重视这个问题。可是，鞋子的舒适感从何而来呢？事实上，鞋子的舒适程度取决于鞋子包裹性、足弓的弧度及制作的精细程度。在坚硬的路面、人行道和柏油马路上行走，对双脚和脊背都是非常不利的。因为鞋子里没有减震装置。这些震动对身体来说非常不利。与一百多年前人们所穿的木鞋（鞋底足有 3 厘米厚）相比，现在的鞋底已经非常薄了。如今，地面已经成了鞋子制作过程中必须要考虑的一个重要因素，自然状态下没有完全坚硬的地面。

理想的米歇尔·维维安女性是什么样的？

一个有品味的巴黎女人，她的女人味儿是在举手投足间自然散发出来的。我希望我能用一双有力的巧手，把女孩和女人们都吸引过来！

脚踏长靴

法国大革命之后，女人们才获得了穿靴子的权利。如今，靴子已经一雪前耻，成了女性鞋柜中最性感，甚至是最撩人的配件。

过去，靴子是军人和骑士的专属品。直到1960年，靴子才成为一种女性的时尚。此外，潮流之一的新式迷你裙也成了自由与反抗的象征。崔姬（Twiggy）、艾玛（Emma Peal）和芭芭丽娜（Barbarella）代表着女性的洒脱、魅惑与才干。“她穿着过膝长靴，就像一支酒杯，那是她的美”，为了向穿着过膝靴的芭铎致敬，甘布斯这样唱道。虽然爱马仕使马术靴成为经典，至今仍大受欢迎，但如今，靴子早已无关马术。配上或高或矮的鞋跟，靴子、短靴和高帮皮鞋出现在了学校的门口、晚会、酒会以及城市的餐厅里。每天，不论是周末还是工作日，从早到晚，不分昼夜，不论天晴还是刮风都能穿着出门。不论材质是皮革、蕾丝还是橡胶，靴子已成为主流，连衣裙、半身裙、短裤或长裤都可以搭配，不分冬夏。

你喜欢哪双靴子？

一双长靴怎么够呢？如果只能选择一双，那么我们会选正宗的卡马格靴。牛仔裤可以轻易地塞进靴子。它也可以把乡村风连衣裙变得性感妖娆，让稍短一些的半身裙变得不再火辣。机车靴这种永不过时的经典鞋款也有颠覆一切风格的天赋。有些女性则偏爱更经典、严谨的骑士靴或女性专属的黑色高跟皮靴。或许有那么一天，我们会幻想拥有一双高跟过膝长靴，用细腻的羊皮制成，能完美地贴合小腿的曲线，就像人体的第二层皮肤一样。

UGG靴子。
即使下雨，
我们也照穿不误！

“在巴黎，我明白了配饰的重要性，一双别出心裁的高跟鞋就能让一身基础装扮（白T恤搭配窄腿牛仔裤或黑色紧身裤）变得十分精致。”

茜茜·陈，贵宾客服经理。塞乔·罗西（Sergio Rossi）限量版短靴。

玛丽娜穿着芭芭拉·裴（Barbara Bui）的皮夹克和Freelance的机车靴。

“我既能打扮得像充满摇滚风情的机车女骑士，也能在夏天穿白色套装，搭配10厘米高跟鞋。”

法式皮靴

1995年，阿谷龙（Aghulon）家族收购了创办于1950年的鞋靴品牌La Botte Gardiane。热情满满的三兄妹改良了传统的款式，把皮靴打造得更加现代。过去，这种类型的长靴专属牧马人，也就是法国的“牛仔们”。尽管款式改变了，但他们依然严守着古老的工艺和法式生产方式，就连走在时尚尖端的日本人都为之痴迷，法国潮流店铺亦然。

艾高（Aigle）橡胶靴

这个极其法式的品牌由一位在法国生活的美国人——希兰·哈钦森所创办。为了向美国的象征致敬，他选择了“Aigle”老鹰这个名字。此后，这种著名的橡胶靴便走出了乡村，再也不是孩子们的专属品。在圣日耳曼（Saint-Germain-des-Prés），我们经常可以看到那些优雅的女人手挎时髦的包包，脚穿彩色的橡胶靴子。

UGG，来自澳大利亚的疯狂羊毛靴

一旦看到UGG雪地靴疲软地垂挂在人们的脚踝，就像阳光下融化的雪糕那样，那么足科医生和康复按摩专家的生意又上门了。沙恩·斯特德曼为了让冲浪者能够在大量运动后暖和一下双脚，发明了这种羊毛靴。这种外形粗犷的羊毛靴很快成了好莱坞的宠儿，之后，全世界的女人都开始为之着迷。但它的成功向人们提出了一个问题：舒适应该优先于美观吗？如果你喜欢这种裹着羊皮的靴子，那么请选择基本款，并尽量不要搭配闪亮的指甲油或破洞牛仔裤，刻意晒黑的皮肤和有光泽的双唇也与此不搭。请选择“沙滩男孩”风格挑染的发丝、牛仔短裤，笔直的双腿也是最佳搭配。在我们看来，UGG雪地靴是极其不适合出现在晚宴上的。

可以光腿穿皮靴吗?

自从凯特·摩丝在格拉斯顿伯里音乐节上向我们展示了穿着短裤、套着橡胶长靴有多酷以后，女人们终于敢脱下连裤袜了。是的，这是可以的。但请搭配出轻松自在的风格。卡马格靴+短裤（而不是直筒裙+通勤短靴）。

Heimstone 短靴

选择优质的靴子

在法国，长靴和短靴可以穿好几个月。这就意味着，买靴子是一件大事，也是一笔重要的投资。第一优先：选择好品质。忘了那些二层皮、再生皮、仿“麂皮”的弹性织物，以及劣质的假皮草内衬吧。绒面小牛皮或双面皮革制成的靴子都是理想的选择。好品质意味着耐用和舒适。

第二优先：选择正确的尺码。和其他鞋子相比，靴子更要小心别选错尺码。事实上，靴子是不会自己“变合适”的。最好选择夜晚去店里试穿，因为站了一天后，你的双脚多少有些肿胀。选择此时试鞋，你会更容易选对尺码。

“在认识靴履设计师菲利普·佐尔泽托（Philippe Zorzetto）之前，我就有好几双短靴了，从卡马格靴到Church's的经典款式一应俱全。现在，我成为了该品牌的顾问，鞋子就更多了。但我从未对此感到厌倦。”

奥尔·安贝尔，Dawn乐队的歌手。戴着“不二价”（Monoprix）商店里淘来的帽子，穿着古着旧大衣和市场里买的裙子，搭配Comptoir des Cotonniers的包和菲利普·佐尔泽托的短靴。

“同一款靴子有多种变化。米白色麂皮那款非常容易与
日常穿着搭配。比较摇滚的铆钉款则适合夜晚穿着。”
克拉丽丝·维洛特

“La Botte Gardiane、Sartore、Free Lance、Mexicana、Chie Mihara、Frye、Laurence Dacade等品牌的鞋子都是‘品质上佳，舒适合脚’的美鞋。”

混搭风格：紧身袜，
La Botte Gardiane短靴和缎子半身裙。

如何选择长靴与短靴？

除非你的身材纤瘦，否则请露出一点儿皮肤，以便让身形显得更加修长。请避免用及膝靴搭配及膝直筒半身裙。穿上更有现代感的短靴吧，它们才是你的首选。

· **如果你的个子不高：** 请不要选择刚好到小腿肚下方的靴子，因为这会让你显得更矮。中筒靴和低筒靴都是更好的选择。

· **如果你的小腿粗壮：** 那么忘了那些紧紧箍着双腿的弹力皮靴吧。即使你能勉强把腿塞进去，效果也不会好，反而会把腿显得更粗壮。请选择开口稍微大一些，用柔软皮质或带鹿皮效果的牛皮制成的靴子。如果你的关节比较粗大，请远离那些只到脚踝的短筒靴，投奔鞋筒更高的款式吧。

· **如果你的小腿过于纤细：** 那么请避开马术靴。因为它不适合你的腿形。请选择直筒高筒靴。如果你的个子不矮，大胆地试试长筒皮靴或踝靴吧。

卡马格靴的最后一位制作者

安托妮·阿古龙（Antoine Aghulon）

1958年创立至今的La Botte Gardiane是一个极具法式风情的品牌。自1995年被收购后，它就成了一个家族企业。现在，我们向该品牌的管理者之一安托妮·阿古龙女士提出几个问题。

为什么选择在法国生产？

因为我们既要严格控制生产流程，也要保证产品的质量。所有的制作工序，从剪裁、拼接到最后成型都是在工坊里完成的。当然，这样比较昂贵，但交货的期限缩短了，我们会比转包生产时更加积极，这使得我们可以生产那些小而精的系列。皮革的剪裁是制作鞋子的关键，也是我们所有心血的凝结。如果在法国之外的地方生产，情况就完全不同了。与许多国家不同，我们的员工不是按产量来获得酬劳的，我们更看重产品的质量和制造它所花费的时间。我曾参观过那些工人按产量领薪的工厂，他们的工作理念就非常不一样。

人们说，这个品牌的鞋太贵了。

我们用的是全粒面皮革，这种皮革的加工方式很灵活。至于里衬，我们选用了比猪皮更牢固的牛皮，但它比前者贵两倍。鞋子穿了一年后，我们就能看到区别了。我们的卡马格皮靴是由更坚固但更难处理的皮革制成的。我们可以说，95%的制造商都会使用薄的皮子（如果是猪皮，就会做两层），而非厚的牛皮。但是，两层薄猪皮永远不会像厚牛皮那样结实耐磨。凭借卓越的质量，我们的产品出口到了世界各地。

我们瞄准的是要求严苛的高端市场。我们的顾客是那些品味高雅，对法式制作工艺有执着追求，对品牌拥有专属工坊表示赞赏的伯乐。我们的鞋子完全是在我们自己的工坊里生产的，这些工坊位于维勒泰尔地区（Villetelle，在尼姆和蒙彼利埃之间）。我们同样会培训自己的工人，他们都具备娴熟的制作技艺。当一家工厂关闭了，人们就会失去这种技艺。懂得制鞋的人已经不多了。

达人专访 INTERVIEW

电视节目造型师

安妮·杜尔(Anne Tourneux)

“女人的必备鞋款：短靴和做工精致的经典黑色高跟鞋。尽管去选择周仰杰、普拉达、圣罗兰等大牌的美鞋吧。因为它们就像精美的上衣和优质的牛仔裤一样，可以伴你很多年。”

你最常穿的鞋子是哪些?

平日里，我最常穿的是短靴，我喜欢既舒适又不失格调的鞋子。阿尼亚斯·贝的摇滚短靴就让我非常痴迷，这是一款能让我集齐所有颜色的鞋款。至于夜晚或特殊的约会，我首选普拉达的黑色蟒纹浅口鞋，这双鞋子既古典又相当高雅。如果可以的话，我会整天穿着高跟鞋，它们所散发的自信张扬和女人味儿是无与伦比的。

你会为了鞋子而忍受痛苦吗?

会的。我曾经有过非常痛苦的经历。甚至为了能够在鞋子里放入鞋垫或者舒适的填充物，我还会选择比自己真实鞋码大一号的鞋子。但现在，我已经不会这样做了。鞋垫、半码垫和硅胶垫……我有满满一箱能让鞋子更舒适的小配件。由于工作原因我要经常走路，有时候会让我有些恼火。但没有什么比一整天忍受脚痛更悲惨的了，高跟鞋让我失去优雅与机动性，所以完全不考虑。但当夜幕降临，或是理想的日子，“高人一等”就会成为一件令人愉悦的事情。甚至在我看来，这会放大高跟鞋带给我的快乐。

你的鞋子“够多”了吗?

若是真心爱鞋子，数量就不重要了。我们总能在设计师们的店里找到真正的美鞋，鞋子已然成了艺术品，而发现这些杰作也是乐事一桩。出于期待和理智，我会买下那些让我想要好好珍藏的鞋子。为了放置我的鞋子，我还在门厅里安装了好几个挂式鞋柜。我会经常打开它们，从中取出一双鞋，然后把这双鞋放在家里的某个地方，好好欣赏。

安妮身穿Zadig &Voltaire 衬衣、艾克妮半身裙、阿尼亚斯·贝靴子，佩戴Chan Luu手镯、Vanrycke项链和耳环。

你买鞋的标准是什么?

为了避免在众多鞋子面前晕头转向，我们必须要考虑鞋子的用途。就像衣橱一样，鞋柜里也需要基础款（黑色浅口鞋、短筒靴、凉鞋、晚礼鞋等）和用于扮靓造型的私藏款（各种颜色、跟高和造型的鞋子）。如今，所有价位的鞋子都有非常多的选择。但我永远不会够买那些鞋垫或内衬不是真皮的鞋子，因为我知道，这样的鞋是不会舒服的，一旦穿上它们，双脚就会火辣辣地疼，这足以毁掉一切。不过，我刚刚在飒拉买了一双猫跟绸缎高跟鞋。迷你跟非常可爱。虽然它的内里是皮的，我在穿鞋之前还是用硅胶垫打了“补丁”。因为我知道，即使鞋跟不高，它也会磨脚。当我们爱上鞋子美丽的“外表”时，我们总是能够发明出各种东西来弥补舒适度的不足。不过，一双漂亮的鞋子必须具备优质的材料（皮质内衬、鞋垫和保护层等）、精巧的外形、完美的做工和精心设计的足弓。

通常，只有设计师品牌才能制造出如此高品质的鞋子，当然价格也会十分高昂。

你认为糟糕的品味存在吗?

当然存在，穿一双廉价高跟鞋就是坏品味的体现。所有的美感都会因此破坏殆尽。我宁愿买一双非常精美的高跟鞋，也不要买五双人造皮革的鞋子。

你犯过的最糟糕的错误是什么呢?

我要为自己的选择埋单！有一段时间，我非常具有实验精神。我把它们都看作我的成就，比如马吉拉（Margiela）的忍者靴（Tabi boots）、斯特拉·麦卡特尼（Stella McCartney）的短靴（人造革的鞋面，木头和金属的鞋跟）以及鲁布托的Spike高跟鞋。鞋子的款式越新奇，我就越感到好奇。

如何挑选高跟鞋

如果没有它们，我们该怎么办？不论是工作会议、节日狂欢、正式晚宴还是临时约会，它们都伴随我们左右。当我们不想打扮的时候，它们也可以用来应急。这些有着神奇魅力的鞋子能够让衬衣搭配紧身裤的慵懒风变得精致高雅，或者为布袋裤增添一份恰到好处的女人味儿。你可千万不要选错款式啊！

作为出现在所有女性鞋柜里的必备款，高跟鞋也几乎是所有女士鞋款的原型。高跟鞋最早由男鞋演变而来，最初既没有高跟也没有绊带。大约在18世纪中期，这种鞋款开始被女性接纳，并由此进行了改良。1830年，法国贵族奥尔赛伯爵阿尔弗雷德·加布里埃尔（Alfred Gabriel）确定了高跟鞋最初的鞋型。此后，不论岁月流转，潮流更迭，它们都抵挡住了时光的洪流，成了永恒不变的经典。

高跟鞋的鞋口有深有浅，鞋跟有高有低，有的是皮革的，还有的是鲨鱼皮的，有丝绸的，有缎子的，有双色的，有尖头的，有方头的，有华丽的，有朴素的……

如何挑选高跟鞋？

我们理想的鞋款是那些鞋头微微有点尖的。但又不是特别尖的鞋子，长长的鸭嘴型鞋头已经过时很久了。

适当的高度很重要。也就是说，鞋跟不能太低。高跟鞋的最佳高度为6~12厘米，这样的高度既容易驾驭又不影响行走。

我们推荐露脚面的高跟鞋。如果你有着纤细的双足，那么它一定是你的不二之选。

选择朴素又高雅的高跟鞋。比如查尔斯·卓丹的Gabrielle 2；低防水台款，比如L.K. Bennett的Sledge；金色款，比如Patricia Blanchet的Katar；有着性感曲线的款式，比如弗雷德·马尔卓的Titine；红色漆皮款，比如François Najar的Amélie；鱼嘴带鳞片款，比如François Najar的Eva；软木款，比如Amélie Pichard的Audrey；双色款，比如Atelier Mercadal的Marisa；蟒纹款，比如Paris的Les Prairies；波普花纹款，比如Jancovek的Fibule；英国国旗图案款，比如Annabel Winship的Duran Duran；星星图案款，比如Annabel Winship的Nadine……我们打赌，你一定会把以上款式集齐。

玛丽·罗兰和伊内斯·麦加达尔，鞋履设计师，总是光彩照人。她们一人穿着 Atelier Mercadal 品牌的高跟鞋，另一人穿着Mercadal Vintage。

“我会依照一天中不同的时刻更换鞋子。有些女人一天会换好几身衣服。至于我自己，我总是换不同的鞋子来改变整体造型。”

安妮·索菲身着诺悠翩雅（Lora Piana）羊毛衫、飒拉半身裙、Le Bourget连裤袜、罗杰·维维亚（Roger Vivier）高跟鞋，戴着米歇尔时装屋（Maison Michel）的帽子和卡地亚（Cartier）的Love手镯。

萨瓦托·菲拉格慕（Salvatore Ferragamo）蟒纹高跟鞋

黑色高跟鞋是必备款吗?

和小黑裙一样，黑色高跟鞋同样是优雅品味的象征。尽管黑色高跟鞋相当经典，然而这款鞋并不是适合所有人的基本款。有的女性更偏爱男鞋、板鞋或红色漆皮高跟鞋。虽说黑色高跟鞋可以和通勤服装或精致的晚礼服搭在一起，但有时，我们的造型会显得缺乏活力且过于死板。特别是配上不见天日惨白的双腿时。与黑色皮革相比，黑色麂皮就少了几分严肃的味道，伊莎贝尔·玛兰的Poppy系列就是如此，它们完美地演绎了巴黎的“极简精致”（easy chic）。

请大胆地尝试多种颜色和款式，或者把二者结合起来。如果你选择了印花服装，那么请搭配印花图案里的那些颜色。勇于尝试反差很大或互补的颜色，它们搭配在一起反而相得益彰。比如明亮的蓝色鞋子搭配漂亮的橙色服装。

如果你对黑色高跟鞋有着执着的热爱，那么请选择用上乘皮革或材料制成、由优质厂商出品、外形美观的鞋子。至于晚间高跟鞋，请避免又短又粗的方跟和鞋口太高的款式。方跟显得笨重，不露脚显得老气。你可以搭配轻薄的20D蕾丝或波点连裤袜，还有漂亮的后缝线丝袜。

高跟鞋搭配短袜，可行吗?

这取决于个人品味。我们遇到过各个年龄层的铁杆粉丝，但也遇到过极其厌恶这种搭配的人。很显然，人们对短袜搭配高跟鞋有着不同的看法，这也是它经常惹人不快的原因。透明的中筒袜只能让人眉头紧锁，而那些“真正的”短袜是正确的搭配。你担心穿得像小丑吗？那么请搭配与你的衣服或高跟鞋颜色相同的短袜。比如，深红色的高跟鞋+深红色的短袜+灰色长裤；红色高跟鞋+海军蓝短袜+海军蓝连衣裙。带刺绣、蕾丝或金银丝的短袜也是搭配高跟鞋的佳品。

多米尼克身穿品高（ Pinko ）的长裤、&Other Stories 羊毛衫以及塞乔 · 罗西的高跟鞋。

“我从不在买鞋这件事上失手，因为我对这些鞋子总是一见倾心，我宁愿内疚也不愿有遗憾。”

西尔维娅·托莱达诺，珠宝设计师。华伦天奴（ Valentino ）米白色蜥蜴纹铆钉高跟鞋。

鲁伯特·桑德森高跟鞋

如何一整天都穿着高跟鞋？

如果这能算一个问题的话，那么它也是一个非常见仁见智的问题。有的人即使穿一天高跟鞋或尖头鞋也完全不成问题，有的人则容易有磨脚发热的问题，一天要脱下鞋子休息好几次。通常情况下，我们不能随时随地脱下鞋子休息。而当我们“必须”穿上这些造型雅致的鞋子去工作的时候，最好不要在鞋子的品质上省钱了。很显然，舒适常常无法与高跟共存。此外，足弓的高度、鞋子的宽度以及皮子的柔软程度也是需要考虑的因素。如果你能抽空让自己的双脚休息一下，那么请在你的包里备一双可以折叠的芭蕾鞋吧，芭蕾鞋就是为此而设计的。

防摩擦小窍门：涂上预防水疱生成的药膏，比如诺克霜（Akiléine）和爽健（Scholl）的护理产品，或者在鞋子内部容易磨脚的部位贴上创可贴。

克里斯多夫·巴斯(Christophe Busse)摄

Delage品牌的高端鞋履

这个极其法式的著名品牌是由芭芭拉·维尔特和皮洛斯·波迪尔于1991年创办的。凭借色彩方面的大胆创新，该品牌赢得了世界性的声誉。“保持它的小规模吧。”许多梦想拥有它的美国女顾客们如此恳求道，渴望品牌只为她们制作鞋履。

鬣蜥皮、鸵鸟皮、鲨鱼皮、蟒纹皮、鳄鱼皮……只需三四个星期，Delage就能用各种各样的材料打造出一双你梦寐以求的鞋子。“我们最忠实的顾客之一是一位住在巴哈马的女士。她经常订购她最喜欢的款式，至今拥用超过50双不同皮革与颜色的鞋子。”皇家宫殿（Palais-Royal）店的负责人薇洛妮克·蕾安布尔对我们说道。这个在法国布列塔尼地区生产的鞋履品牌主要针对那些注重私密、厌弃大众知名品牌的顾客。

Rouge 1410
Rouge 1402
Rouge 1407
Rouge 1411
Rouge 1409
Beige 1701
Beige 1702
Vert 1306
Vert 4040
Bleu 4030
Bleu 1106
Bleu 1109
Bleu 1102
Bleu 1108
Rose 4020
Bleu 1104
Marron 4010
Panama white 7000
Gris 1901
Noir 1001
Blanc 1002
Vert 2300
Cognac 1039
Vert 2304
Cuir 1132
Gris 1099
Beige 1310
Marron 1144
Bleu 2104
Marine 1147
Havane 1146
Rouge 2408
Bleu 2103
Rouge 2412
Rouge 2402
Rouge 2407

伊莎贝拉·奥兹尔·匹葛诺，插画家、博主、资深时尚达人。Maje长裤、Marni大衣、普拉达高跟鞋、Golden Goose包。

“我买的第一双鞋？那是我在17岁时买的一双瓦尔特·斯泰格高跟鞋。为了它，我花光了所有零花钱，我的小伙伴们都觉得我疯了。直到现在，我一直保留着这双鞋呢！”

美鞋秀

埃曼纽尔·塞耶
(Emmanuelle Seigner)
法国演员

这双鞋是汤姆·福特还在圣罗兰工作的时候送给我的。这双鞋与罗曼·波兰斯基(Roman Polanski)和电影《钢琴家》密不可分，我曾穿着这双鞋出席了恺撒奖颁奖典礼。

玛丽安娜·菲斯福尔
(Marianne Faithfull)
英国歌手

这是一双很优雅的鞋，我会穿着它们登台演出。我之所以选择这双鞋，是因为我想向迈克尔·鲍威尔(Michael Powel)的电影《红菱艳》致敬。

朱丽叶 · 斯韦尔登（Juliette Swildens）法国设计师

我钟爱独一无二的东西。德比鞋是精致的、中性的，也是永远不过时的，这是与我的气质最相符的鞋子。这双用蛇皮做的鞋来自Swildens系列，仅此一双，我喜欢成为唯一一个拥有它们的人！正因为如此，我拥有许多古董鞋……早在鞋子量产之前，我就穿上这些鞋的初样了。

伊莲娜 · 诺古哈（Helena Noguerra）比利时演员

我的德赖斯 · 范诺顿（Dries Van Noten）高跟鞋。这双鞋是我心爱的人送的。穿上它们，我就觉得自己变成了灰姑娘辛德瑞拉。我终于找到了那双合脚的鞋子（那个对的人）。

美鞋秀

维吉妮·勒杜扬
（Virginie Ledoyen）
法国演员

这双鞋是普拉达所赠的礼物，已经有些年头了。我很喜欢它们，这双鞋很百搭，上脚也很好看。

约瑟芬·德雷
（Joséphine Draï）
缀亮片德比鞋
法国演员

我离不开这双鞋！它们是我从一家叫NY的廉价商店里淘来的，它们让我想到了《比利·简》时期的迈克尔·杰克逊。即使它们已经穿得很旧了（鞋底脱落，鞋边用强力胶粘过），但当我穿上它们时，我仍然觉得自己很有范儿。

伊娜·德拉弗拉桑热
（Inès de La Fressange）
《巴黎女人的时尚经》作者

拥有的东西越多，我们就越会问自己，什么才是最重要的。我们想要的鞋子，是那些别致的、经典的、不沉闷的、百搭的、白天晚上都能穿的、既优雅又摇滚的，并且还十分舒适的鞋子。当然了，这要是同一双鞋就好了。

我的便鞋，也就是军官鞋，就具备以上所有特质。它们看上去很像古董，总能让我想起英国贵族穿的那种鞋子。然而，它们又是极其现代的，和我的海军蓝上衣与白色牛仔裤搭配在一起，简直完美。我白天的装扮也会因此变得更加灵动。我知道，就算穿旧了，它们还是很漂亮。这对女鞋来说是相当难得的！

路·达琳很贴心地同意我们拍照啦！

路·达琳
（Lou Doillon）
圣罗兰高帮皮鞋
法国模特

在照片墙上，路·达琳为这双由艾迪·斯里曼设计的第一双圣罗兰短靴表达了无限的爱。她精心地打理它们，给它们拍照、画画，并从中汲取灵感。这双意大利制造、黑色漆皮、中性风格、并且永远时髦的皮鞋已经成为一个经典符号。

玛萨罗(Massaro)品牌总监

菲利普 · 阿蒂恩萨(Philippe Atienza)

“女人们不会只光顾一家商店，但她们会有好几个忠诚追随的品牌。”玛萨罗的品牌总监菲利普 · 阿蒂恩萨向我们说道。1894年，玛萨罗在巴黎的和平大街诞生，并于2002年加入了香奈儿旗下。该品牌仍然与顶级设计师们保持合作，并为优雅的女性们制作像珠宝一样华丽的鞋子。

你是如何成为一名制鞋家的?

这其中有一些偶然因素，主要是因为我喜欢骑马，于是想从事与这项爱好相关的职业。我是从骑马靴开始做起的。16岁的时候，我便成了一名学徒。于我而言，人生的新征程就此开始了，我努力往前走，一步一步攀向更高的山峰。随后，我来到了约翰 · 罗布(John Lobb)工作，一干就是20多年。最终，在2008年的时候，我接到了玛萨罗抛出的橄榄枝。

一双玛萨罗的鞋子需要耗费多少工时?

这取决于顾客订购的款式。一双手工制作的鞋通常耗费30至40个工时。与此相比，机械化生产，一双鞋只需要20~30分钟。我们的工坊里有14位员工在辛勤工作，顾客需提前15天预约。之后，我们会与顾客讨论鞋子的样式。如果这双鞋需要搭配特定的服装，那么我们会在设计的时候就把这个因素考虑进去。有时，顾客还会把服装的布料小样带来征求我们的建议，但我从不会强迫她们一定要怎么做。制鞋的第一步是绘制草图，然后是测量尺码，再往后就是手工制作楦头了。

朱尔斯·马丁（Jules Martin）摄

首先，我们会做一双仅供试穿的样鞋，之后再对样鞋进行调整和修改。一旦确定了最终的方案，我们就可以正式开工了。哪怕已经制作完成，鞋子仍然需要进行细微的调整。因为鞋子和赛车有点像，鞋的松紧就跟赛车的发动机一样，都需要精确调整到分毫不差。

女性们选择美鞋的标准是什么？

对于专业人士来说，一双好鞋必须同时具备多个元素。因为每一道制作工序，每一处细节都体现着鞋子品质——外形、里衬、鞋帮、镶嵌的工艺以及鞋帮的连接等。

对消费者来说，难度就更大了。当然，外部的因素固然重要，比如皮革的质量和舒适度，但更重要的是培养审美的眼光。如果一个囊中羞涩的人有天中了彩票来到玛萨罗定做鞋子，通过不断对比，他也能逐渐学会辨别优质的鞋子。

制鞋工艺在这30年里有什么变化吗?

工艺并没有改变，但某些材料和污染性很大的染料已经禁止使用了。我认为，这是环保的进步。我们该做的就是适应这些变化。例如有人呼吁用水溶胶取代氯丁胶，虽然前者的牢固性不如后者，但它的毒性更小一些。选用水溶胶不会损害鞋子的品质，反而意味着我们对环保提出了更高的要求。虽然有人坚持认为从前的做法更好一些，但我对此却不赞同。

有天生就适合穿高跟鞋的脚吗？

不是所有人都能驾驭过高的高跟鞋，必须根据每个人的体型和双脚的骨骼结构而定。当我们穿鞋时，足弓应当与足底契合，也就是说，双脚应该与鞋底“贴合”而不留空隙。否则，脚就会往前滑，既不舒服又容易受伤。足弓高度越高，鞋跟就可以越高。尽管如此，要给小码的鞋加上非常高的鞋跟依然不是一件易事，这需要更复杂的工艺，极高的高跟鞋若要制作36号的尺码难度会很高。我有一位超过80岁的顾客，她至今还在穿17厘米的高跟鞋呢！（菲利普·阿蒂恩萨向我们展示了一双为这位难得的客人定做的黑色“恨天高”长筒靴。）

事实上，完美的高跟鞋是舒适与美观兼具的。为此，我们的双脚应当找对自己的“位置”。首先，鞋子的前掌不能太短，我们所有的关节和大脚趾需要自然地舒展，不受到挤压也不必蜷缩起来。穿上鞋后，女性则应当保持平稳的姿态，走路时的步伐要均匀协调。总之，高跟鞋的足弓越高，鞋子的前掌就越短，鞋口也就越浅。

男人和女人对鞋子有着不同的看法吗?

女性首先关心鞋子的风格和样式，她们所做的第一件事就是在镜子面前端详自己穿上新鞋后的样子，然后才会考虑舒适的问题。许多女性都会买并不一定合脚，但能让她们十分心动的鞋子。我们的许多顾客早就把自己的鞋柜塞得满满当当了，那些鞋柜里全都是只穿过一次的鞋子。她们宁愿多出钱，哪怕买得少，也要买品质好、合心意的鞋子。

看鞋识女人

纵观全世界，并非所有人都对伟大的“美鞋女神”有着同样的崇拜。有的女人成了美鞋的狂热信徒，为此不惜穷尽一切；有的女人则表现得相对冷静，克制且理性。作为时尚的宠儿，法国女性平均每人一年要买8双鞋，法国也因此成了继美国之后全球第二大鞋履消费市场。

位于巴黎市中心，占地3200平方米的老佛爷百货（Galeries Lafayette）为爱鞋的女人们提供了欧洲最大的购物中心。

坐拥声誉卓著的老品牌和年轻的新晋设计师品牌，巴黎仍是一座极具吸引力且不容错过的时尚之都。

在巴黎，另一个鞋履天堂是巴黎春天奥斯曼百货（le Printemps Haussmann）。该商场鞋履专区的负责人杰尼·波德罗向我们透露：“在打折季首日，春天百货每五秒就能售出一双女鞋，我们甚至能听到她们跑上楼梯的声音！不管刮风还是下雪，为了五折的优惠，她们可以排两三个小时的队。”她们会为了省钱而丧失理智。被冲昏头脑的顾客甚至愿意买下那些过小的、注定只能闲置在鞋柜里的鞋子，或者因为自己心仪的款式被别的顾客选走而大打出手！

杰尼·波德罗在春天百货接触过来自世界各地的顾客。在她看来，巴黎女人仍然是最理性，甚至是最谨慎的，她们更注重鞋子的品质和舒适度，这也是她们挑选爱鞋的不二准则。“巴黎女人害怕变得俗气。”杰尼说道。因为害怕过于出格，她们总是购买简单、基础的鞋款，并选择那些中性的颜色，例如百搭的驼色。近年来，法国女性开始在意鞋子的制作工艺。她们可以接受价格不菲的鞋子，但质量要配得上价格才可以。

这种消费行为的改变当然是经济危机的产物，但也是人们思维意识的一种体现。因为越来越多的人认识到，服装和配饰并不总是物有所值。最近，关于纺织业工作条件的丑闻引发了消费者的疑虑和猜忌。变时尚可以，但绝不当冤大头！“高价购买摩洛哥或土耳其制造的产品是一种过度消费。”年轻设计师弗雷德·马尔卓提醒道。他以自己的名誉捍卫着法国制造的卓越品质。在夏天，法国女人会任由自己被新颖的、五颜六色的款式所吸引。但一旦到了冬天，她们就会选择“保守”和更易搭配的鞋子。法国的冬天很漫长，要持续近8个月的时间。因此，冬天的鞋子和短靴必须经久耐穿才行。

那么男人们呢？

那些陪在妻子身边的男人是怎么想的呢？“他们一点儿耐心都没有。男人们喜欢高跟鞋，厌恶雪地靴或者那些笨重难看的鞋子。‘至少别买这样的，好吗？’他们总是这样说。但巴黎女人们却依然我行我素，而不是对丈夫言听计从！那其他国家的女性呢？她们也是一样的。”杰尼·波德罗打趣地说道。

安妮－索菲·米诺的美鞋收藏

> “我爱好收藏的鞋子。不论是平时还是外出，我都会穿上自己的收藏。美鞋万岁！”
>
> **克莱尔·玛丽·罗谢特**

在她看来，俄罗斯女性喜欢浮夸的、稀有的，甚至是独一无二的鞋子，她们胆子大、好奇心强，敢于尝试那些“恨天高”，对所谓的舒适不屑一顾，就像巴西女人们一样。至于中国女性，和大多数亚洲女性一样，她们总是在逃避中国制造，对法国产品情有独钟，只要是在法国制造的，哪怕是年轻设计师创办的名不见经传的小品牌也能激发她们的兴趣，满足她们对异域风情的渴望。她们成群结队，购买同伴认同的款式。坡跟的、平跟的、带防水台的鞋子都很受青睐，而那些舒适度高的鞋子是她们的最爱。

我最爱的鞋

朵妮·贝哈尔

当我和姐姐趁妈妈晚上外出，翻弄家里的衣橱时，我遇到了童年第一双让我魂牵梦萦的鞋子。在那些思琳或查尔斯·卓丹的鞋子中，有一双耀眼夺目的淡绿色蟒纹凉鞋。这双鞋上印着“Roger Vivier”的字样，鞋跟非常高，用涂着黑漆的木头做成。这双鞋仿佛属于一个隐秘的世界，那里只有夏日的晚会、朦胧的衣裙和耀眼的美腿。透过它精心设计的造型、别致的着色和动物花纹，我们感受到的是浓浓的女人味儿，是致命的吸引力和让人无法抗拒的迷人魅力。

后来，当我开始工作的时候，我再一次爱上了那些漂亮的鞋子。对于那些身高只有1.6米的女孩来说，高跟鞋很快就成了盟友。特别是在时尚圈工作，或是遇到那些从“云端”打量别人的模特儿时，我们就更离不开高跟鞋了。我曾经是品牌伊曼纽尔·温加罗（Emanuel Ungaro）的媒体公关，我的主管是一位身形比我还娇小的女士，她收藏了许多莫罗·伯拉尼克的鞋子。虽然我并不喜欢她，但我喜欢她的鞋！于是我也成了可以踩着10厘米高跟鞋在巴黎东奔西跑的女孩了，不论是楼梯、餐厅、宴会厅、办公室还是地铁站都不能让我停下脚步。我穿坏了很多鞋，也扔掉了很多鞋，但我会把最美的留下。那些被留下的鞋子总是出类拔萃、夺目非凡。迪奥黄棕双色凉鞋和索尼亚·里基尔（Sonia Rykiel）装饰有秃鹤羽毛绒球的可可色缎面晚礼鞋就是最好的例子。不过，最深得我心的鞋子还是百搭的高跟短筒靴，它们可以搭配连衣裙或紧身牛仔裤。不论是皮革还是麂皮，也不论什么颜色，这些靴子都很好看。一旦穿上了它们，我就能变得既高挑又有型。

朵妮的索尼亚·里基尔晚礼鞋。右边为迪奥凉鞋。

作为爱鞋狂魔，我甚至把它们写进了我的小说里。我最新的角色朵瑞亚，是一个毛躁的摇滚女孩，为了买高跟短筒靴，她把所有借来的钱挥霍一空。当我的第二部小说《阴谋论与高跟鞋》问世的时候，出版社派我去外省参加了多场读书沙龙活动。为了能在见面会上从众多作家中脱颖而出，我绞尽了脑汁。后来，我的一位朋友借给我一双异常华美的高跟鞋。那是一双12厘米高、黑蕾丝叠淡粉色缎面的普拉达高跟鞋。我为这双鞋选了一个醒目的位置，把它们放在我的那一堆书上。果然，这是一个好法子！许多女性读者们纷纷为了欣赏这双鞋而驻足停留，然后带着我的小说离开。

如今，算上人字拖和橡胶长靴，我拥有近100双鞋子。我知道，和某些鞋架需要定做，最少坐拥三四百双鞋的“鞋子狂魔”相比，我只是一个小玩家。每当心情不好的时候，当我整理着自己的鞋柜，凝视着那些排列整齐的爱鞋时，我的心里就会微微泛起涟漪，觉得自己的人生还算成功。

朵妮·贝哈尔，作家、编辑、博主。

www.comedieromantique.com

同名品牌创办人

弗朗索瓦·纳贾尔（François Najar）

或许见过了太多女人因为一双不合适的鞋子而仪态尽失，弗朗索瓦·纳贾尔决定设计这样一双高跟鞋，它精致、性感、舒适。“路易十五”高跟鞋就是这项理念的实践。

我们能否把设计感、舒适感以及鞋跟的高度完美地结合在一起？

过去的主流总是认同美感至上，而我却想逆流而行。我认为，穿上高跟鞋女人会更美，但前提是，鞋子要舒适合脚才行。我已经设计出了符合双脚形态的高跟鞋。当你穿上这双鞋走路的时候，你会觉得这双9厘米高的高跟鞋其实只有5厘米而已。它更适宜的松紧度和独特的鞋底设计能够让你既不用为磨脚和水疱担心，也不必为脚趾蜷缩苦恼。

你为何会对“路易十五”倾注几乎全部的心血呢？

我想设计出一款纯粹而隽永的高跟鞋，能够为精致细腻、个性独立、追寻优雅，不论穿着牛仔裤还是定制服装都一样怡然自得的女性增光添彩。克莱尔·莎萨尔（Claire Chazal）、苏菲·玛索、夏洛特·甘斯布（Charlotte Gainsbourg）、你或是我的母亲，都可以是这样的女性。于我而言，“路易十五”是都市优雅格调的精粹，它是最高雅的，也是最纯粹的，但它也是最难制作的。它要求传统的手工技艺。也正因为如此，我的鞋子都是在意大利制作的，那里正是高端鞋履的摇篮。我们的工坊坐落于维内托（Venetto），那里只生产“路易十五”高跟鞋。

你对恐惧高跟鞋的女性有什么建议吗？

一切都是可以学习的！只要一点点的练习就够了。请不要从低跟的鞋子开始练起，直接穿上7厘米的高跟鞋吧。你可以在自己家里来回踱步、上下楼梯。高跟鞋将会彻底改变你的外表，包括你的身形、足弓的弧度、腿部的线条以及整体的姿态。穿上高跟鞋，你会变得更有女人味儿，也会更具吸引力……能够反映出这些女性特质也是一件乐事，不是吗？

何为“路易十五”高跟鞋?

这种高跟鞋是由16世纪的鞋匠们设计出来的,
柔和的曲线使鞋跟与鞋底平顺地衔接在一起。

克雷芒斯 · 卡布艾尔，乐队主唱，穿着保罗 · 史密斯的皮鞋。

男孩风鞋款

我们可以疯狂地迷恋“恨天高”，但并不想穿着它们过日子。许多女性都对我们说过“我有很多华丽的高跟鞋，但从未穿过它们。我的生活方式与这些鞋子不搭”。当然，我们可以只是为了欣赏，或者满足自己对美丽事物的占有欲就把它们买回家。如果生活忙碌，我们必须迈开步子走路或者跑着赶公交车，就不能被高跟鞋约束。在高跟鞋和芭蕾鞋之外，我们同样能拥有优雅和女人味儿。

事实上，我们有很多选择，比如莫卡辛鞋（乐福鞋的前身）、牛津鞋和德比鞋。乐福鞋在很大程度上受到了美洲印第安人虎皮鞋的启发。最早从中汲取灵感的是美国第一代女性移民，这种鞋包裹性好又很舒适。此后，乐福鞋也成了男士鞋柜里的经典鞋款。于是我们开始钟爱经典耐穿的威士顿（Weston）乐福鞋、知名的便士乐福鞋（penny loafers）。詹姆斯·迪恩、迈克尔·杰克逊都穿过，当然，还有我们！

朗雯皮鞋

“我不喜欢穿高跟鞋。因为当我晚上穿着高跟鞋出门，经过一整晚后，我都觉得自己的双脚像是浸泡在血泊里，真是太恐怖了。”玛丽·凯特·奥尔森说。

阿克塞尔·罗斯唐身穿飒拉的大衣、H&M的T恤、Mango的限量款牛仔裤搭配老佛爷百货买的腰带、圣罗兰的皮包、J.M.Weston180乐福鞋。

“切尔西靴、乐福鞋、德比鞋，这些鞋都很契合我的气质和生活方式。如果搭配迷你裙、紧身牛仔裤或半透明衬衣，这些鞋就会让造型风格变得更中性、更稳重。”

直到1920年，女性的双脚才得以解放。此后，女人们可以随心所欲地选择自己的爱鞋，不再局限于绑带短靴和高跟鞋，她们终于可以拥有稍微舒适一些的鞋子了！因为在欧洲古代，实用的鞋子只属于劳动妇女。此后，贵妇们也能走出自己的沙龙、小客厅和舞厅，去探索外面的世界了。风华绝代的玛琳·黛德丽最让我们难以忘怀的造型却是身着在萨维尔街（Savile Row）定做的男式西装，脚踏牛津鞋，嘴里叼着香烟那桀骜不驯的模样。

这种从男士鞋柜里借来的牛津鞋简单易穿又十分百搭，但是并非所有人都适合。

我们的目的，并不是模仿贾斯汀·汀布莱克的完美造型，而是向蒂尔达·斯文顿（Tilda Swinton）的风格看齐，她的造型就是对这种中性混搭风格的绝佳演绎。

最佳搭配：如果搭配得好，那么这些鞋子就会平衡过于女性化的装扮。

摇滚风的男孩风皮鞋

最糟搭配：如果搭配得不好，这种男性化的鞋子马上就能让你变成奔走于英格兰乡村的马普尔小姐[1]。

1980年

克莱雷利（Clergerie）开创并推动了德比鞋的黄金时代，德比鞋是中性风格的代表。固特异（Goodyear）缝制法、优质皮革与精湛的技艺，使该品牌俘获了大批女性的芳心。

1　Miss Marple，阿加莎·克里斯蒂笔下的女侦探。——编者注

“为了搭配出令人满意的中性衣风，我会努力尝试在男性或女性化的装扮中寻找一种平衡。我不相信那些所谓的时尚信条！”

阿克塞尔。H&M 条纹半裙与条纹T恤、圣罗兰皮质行李包、皮质双色雕花德比鞋。

“这双靴子彰显了我的个性：我是一个既爱幻想又脚踏实地的人，浪漫又务实，天马行空又遵循传统，既有女子的柔情又不乏男子气概。总而言之，我是一个矛盾集合体，我的身体里住着一个纯粹而矛盾的灵魂。”

维多利亚·罗曼诺身着津森千里（Tsumori Chisato）大衣、巴黎世家连衣裙和短靴。

Maurice Manufacture双色乐福鞋，飒拉长裤。

法国鞋履品牌Maurice Manufacture首席执行官 菲利普·格朗热

“过去，克莱雷利、凯利安（Kelian）和卓丹是法国高端女鞋品牌的代表。它们都是自主设计、自主制造的企业。如今，大部分鞋履制造商已经在法国销声匿迹了。1980年末，鞋履业进入了转型期。凯利安和卓丹的辉煌不再，另一些奢侈品牌开始涉足制鞋业。这些奢侈品牌，如香奈儿、迪奥等，都纷纷开始与意大利企业合作。这不仅是因为那些企业掌握着高超的制鞋工艺，还因为这个产业在法国早已日薄西山了。这些奢侈品牌的鞋履很快就大获成功，所有人都对此始料未及。在路易威登初涉制鞋业时，它的鞋履产业采用了与箱包相同的生产运营模式，但路易威登很快就放弃了在法国进行全线生产的策略。因为没有任何一家法国企业能够应对如此巨大的奢侈品订单。卓丹和凯利安的品牌文化并非成为其他品牌的代工厂。如今，那些非制鞋起家的奢侈品大牌已经把高端鞋履的巨大市场牢牢攥在手里了。”

丽琪斯·伊娜莫哈多，Innamorato品牌设计师。Innamorato褶皱伞状外套、金色长裙，Undergroud Creepers 厚底鞋。

桑德拉·莫汉，网页设计师、美术编辑。购自 Vintage 66 的红色帽子与牛仔背带裤、Boohoo背心、Dim连裤袜、旧货店淘来的深蓝色和黑色机车皮衣、经典的红色沙漠靴“腓比斯之箭”（Les flèches de Phébus）。

“我可以游走在燕尾服长裤与伞状连衣裙，或是阔腿裤与紧身牛仔裤之间。”

挑选男孩风鞋款的
8大建议

1 最大限度地汲取男鞋样式的精华固然重要，但我们也建议你不妨大胆地尝试一些让人眼前一亮的新颖鞋款。比如，双色德比鞋、带铆钉的鞋、豹纹或蟒纹鞋等。

2 如果你的个子不高或小腿比较粗壮，那么请避免选择鞋底过薄的鞋款，因为这样很显矮。我们的建议是：搭配小脚长裤、卡其裤或男友风牛仔裤，同时卷起裤脚，露出脚踝，这样可以使你的身形显得更加修长。九分裤也是不错的选择。

3 西装裤搭印花T恤或牛仔衬衫，以最经典的方式穿搭男孩风鞋款。你也可以选择高腰阔腿长裤+低领白衬衣。中性风的乐趣就在于玩味男孩子气和女人味儿之间的差异。同时，我们也可以添加一些女性化的元素。比如，蕾丝、印花和透明薄纱等，这样会使整体造型更加神秘，也更加撩人。

4 搭配过膝连衣裙、铅笔皮裙+丝绸衬衣；轻轻掠过脚踝的飘逸长裙或皮短裤+西装外套。

5 你为什么不尝试一下学院风呢？但千万不要像时尚红人艾里珊·钟那样走中学生制服风的时尚路线（她总是短袜、短裙或短裤的装扮）。你可以搭配过膝半身裙+紧身上衣，铅笔高腰半裙+马海毛短毛衣。华丽的摇滚风也是极好的：紧身皮裤+宽松T恤+礼服外套。

6 为了避免显得滑稽，请选择最接近便士乐福鞋（不是船鞋）的鞋款。你可以搭配到脚踝的小脚长裤、海军衫和西装外套。如果再加上一双彩色短袜，那么你就会显得更有活力和女人味儿了。

7 你担心男性化的鞋款过于严肃？你已经厌倦了总是搭配牛仔裤吗？那么请把它们和锦缎或印花长裤搭配在一起吧。带花朵图案或条纹的女士西装裤也不错。

8 薄款连裤袜与男孩风鞋款并不搭。请选择那些金银丝的、印花的、彩色的短袜或羊毛连裤袜。光脚当然也可以！

克莱雷利(Clergerie)品牌创始人

罗贝尔·克莱雷利(Robert Clergerie)

罗贝尔将自己定义为这个行业最后的“恐龙”。他喜欢重复安德烈·佩鲁贾(André Perugia)的格言：人撑起了衣装，鞋撑起了人。因此，我们脚上的鞋子应该是舒适的，当然，它也应当是高雅的。直到今天，这位生于1934年的设计师依然没有丧失对美鞋的热爱。

你是如何入行的?

说来话长。我的父亲是勒瓦卢瓦-佩雷(Levallois-Perret)的一位杂货店主，我的童年就是在那里度过的。我的成绩很好，所以我通过了会考并顺利进入高等商学院就读。那时，我渴望冒险，所以一心想走出国门。我在路易丝-米歇尔站搭上地铁，之后转火车，然后再乘船去了纽约。在那个年代，出国是很罕见的，我的旅途持续了15天。那时候，一间船舱要挤好几个人。或许是冥冥之中的天意，我的室友恰好是一个在法国卖鞋的墨西哥商人。到了纽约之后，我又坐着大巴车辗转去了墨西哥。那时，我才23岁。我在那里停了下来，一待就是好几年，就像电影《奇异的爱情》里的杰拉·菲利普那样生活着。之后，因为阿尔及利亚战争爆发，军队征兵，我便回到了法国。刚回国的时候，情绪十分低落，我回复了一则卓丹的招聘启事，就这样我爱上了这个行业，我被鞋子的造型、材质以及那些美丽非凡的皮革迷住了。

你是在1980年创办了克莱雷利的吗?

克莱雷利品牌诞生于1981年。但在品牌创立之前，我收购了一家制作男鞋的老鞋厂(UNIC)，这间公司由约瑟夫先生(Joseph Fenestrier)于19世纪末创立。

这家公司以固特异缝制法制作高端鞋履而闻名。为了能够买下这家企业我倾尽了所有。如果没有我太太的支持，那么我将一事无成。在制鞋业，约瑟夫和查尔斯·卓丹是两位不得不提的重量级元老。凯利安和我不过是沿着前人的脚步继续前进罢了。

克莱雷利家不可错过的经典鞋款

你是怎么想到将男款的德比鞋做成女鞋的呢?

在看圣罗兰的服装秀时，我发现那些礼服和成衣需要搭配一种更男性化的鞋子，所以产生了为女人做男鞋的念头。我的一位朋友安妮·德斯坦提醒了我，既然我已经有了工厂、创意和品牌，那为什么不试一试呢?于是，她给予了我很多支持。在那个时代，女用男鞋完全不流行。那时，引领时尚潮流的是盖·伯丁(Guy Bourdin)为查尔斯·卓丹的高跟鞋拍摄的那些华美又撩人的广告。

当我刚开始做鞋时，鞋跟的高度不超过6厘米，然后越来越高。查尔斯·卓丹甚至设计了10厘米以上的高跟鞋。在那个年代，这个高度已经相当高了。在纽约，我甚至见过在白雪皑皑的寒冬，女人们穿着高跟凉鞋进入华尔道夫酒店。

我推出的第一个系列有三个款式：Paco、Paris和Palma。它们分别是德比鞋、牛津鞋和晚礼鞋，每种都有漆皮款、黑色款、白色款和双色款。我很幸运，因为我最初的四位顾客(巴尼斯百货也是其中之一)都是时尚圈的“领军人物”，我的鞋一炮而红。这些大受欢迎的鞋款总是供不应求，所以我在巴黎的切尔奇-迷笛(Cherche-Midi)大街开了一家自己的门店。“恨天高”长达数年的黄金时代结束了！所有女人都想拥有一双男款鞋，就连劳伦·白考尔(Lauren Bacall)都是我的顾客。

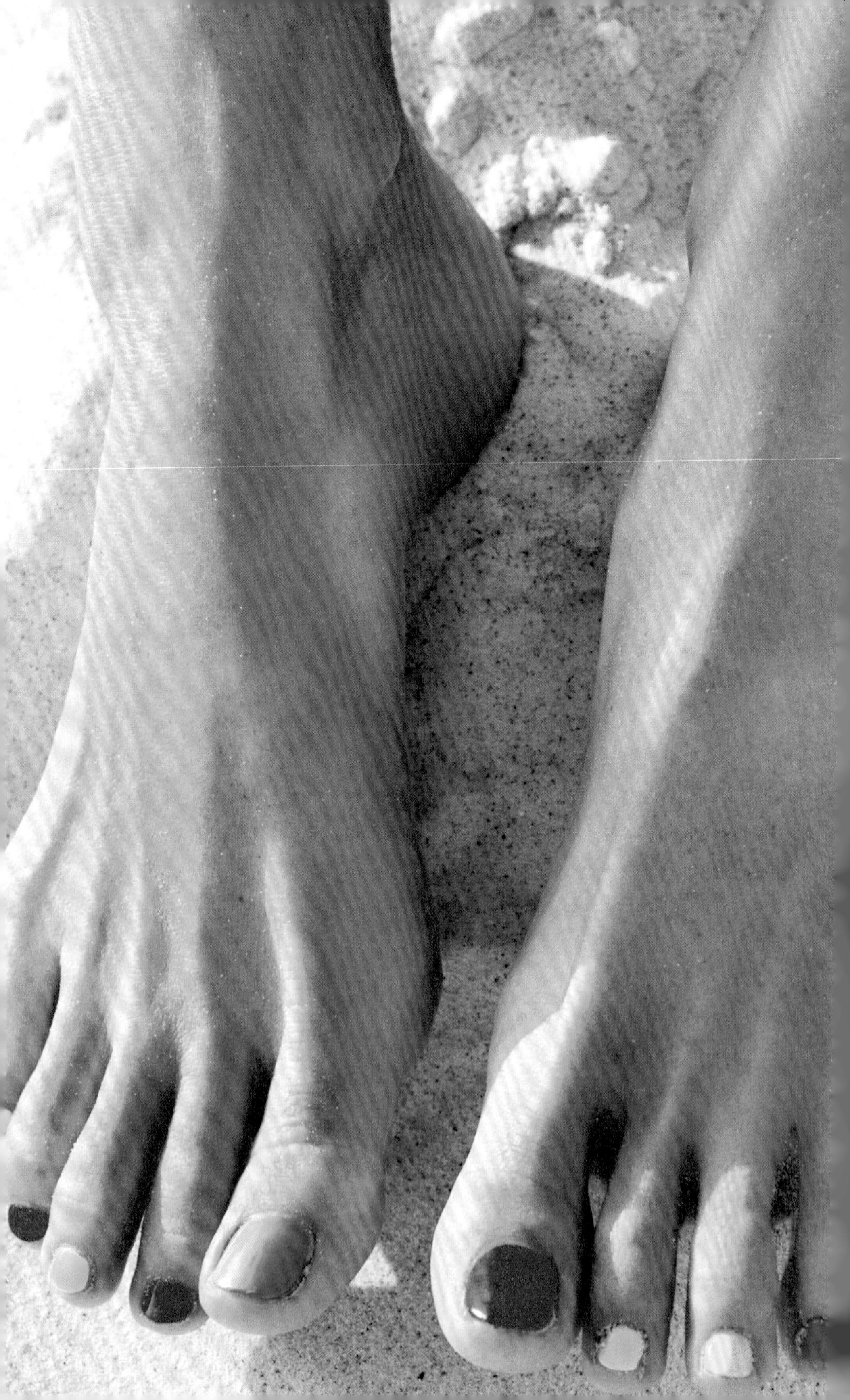

爱护双脚很重要

对一部分人来说，露出双脚可以显得性感，而对另一部分人来说，双脚却是导致自卑的原因，比起穿上凉鞋，人们似乎更愿意把双脚藏起来。因为我们不愿意让自己粗胖的，被拉长的，变得煞白、扭曲、畸形或成钩状的双脚暴露在众人眼前。哪怕没有人强迫你露出双脚，你也应当爱护好它们。因为只有这样，你才能拥有健康的双脚。

人们总是对双手呵护备至，却常常对双脚漠不关心。“通常情况下，女人们每年只会保养一次她们的双脚，就是去沙滩之前，”手足护理师诺埃尔·莱维一直对此感到震惊，“至少每三个月做一次常规护理，你就可以远离脚痛的困扰，何况你还可以去修脚呢。你会因此更加宠爱自己的双脚。”过紧、皮革太硬和不合适的鞋跟都是造成鸡眼、老茧、嵌甲和拇趾外翻的元凶。“大部分人都倾向于把美观作为挑选鞋子的首要标准，而忽略双足的形态，这就是问题所在。因为大部分人都会选择有点小的鞋子。”诺埃尔·莱维说道。

何况高跟鞋的狂热爱好者不在少数。如果习惯了穿高跟鞋，那么身体的重量就会集中在脚掌前部。受到摩擦的双脚会发热，而那些承重过度的皮肤组织就会因此变厚而形成硬茧与鸡眼。诺埃尔·莱维并不推崇硅胶半码垫：“对于你的双脚和爱鞋来说，它们很有可能不是一味有效的灵药。所以你最好还是选择定做的鞋垫，并学会爱惜自己的双脚！你实在没有必要为了穿鞋而赌气。”

> “为了能天天穿上至少12厘米的高跟鞋，维多利亚·贝克汉姆每晚都会按摩自己的双脚。”

> “我不化妆，但我涂指甲油，红色、紫色或者其他颜色。总之，我会精心保养我的双脚，也总能得到别人的赞美。”

艾德琳·胡塞尔

鸡眼困扰

足部护理专家并不认为涂抹鸡眼药膏就能消除鸡眼的疼痛：“如果涂错了地方，那么水杨酸会灼伤健康的皮肤。选择简单粗暴的工具去鸡眼也很容易受伤。使用药膏和鸡眼刀是无法根除鸡眼的，只有专业的治疗才能减轻你的痛苦。”如果你习惯穿着运动鞋，那么你的双脚就会因为得不到塑形而变大。过薄的鞋底没有任何减震效果，你的脊柱会因此而受到严重冲击，甚至可能引发背部疼痛。当我们需要四处奔走的时候，橡胶鞋底是一个不错的选择。保护双脚的秘诀之一就是换不同的鞋穿：高跟鞋、平底鞋、跑鞋、靴子……百变才是王道！

拇趾外翻

拇趾外翻是一种典型的足部畸形，具有遗传性，且会随着年龄的增长而加重。这种脚趾畸形源于不良的穿鞋习惯：过尖的鞋头、过高的鞋跟、鞋带或鞋口不合适都会导致骨骼变形。“如果你已经感到疼痛了，那就是双脚正在外翻的预兆。”足部护理专家强调道。

双足保养秘籍

每日早晚为双脚涂抹润肤霜，一般的护手霜就可以，每十天温和地去一次角质。如果做的次数过多，角质层的细胞也会受到刺激，产生老茧，形成恶性循环。如果太白的双脚让你感到难为情的话，那么擦点儿黑肤乳吧，这样既不会留下刻意的痕迹，又能让双脚微微呈现出自然的棕色。你也可以用一点儿美黑粉。

什么是反射学理论?

足部反射疗法是一种全身性的能量疗法，和针灸类似，该理论认为：人体的每个器官都对应着足底的某个区域。医师精准的按摩可缓解身体的不适，比如睡眠障碍、消化问题、泌尿问题等；或减轻疼痛，比如反复的中耳炎、背痛等。这是一种不需要药物就能让你的身体自行康复的疗法。

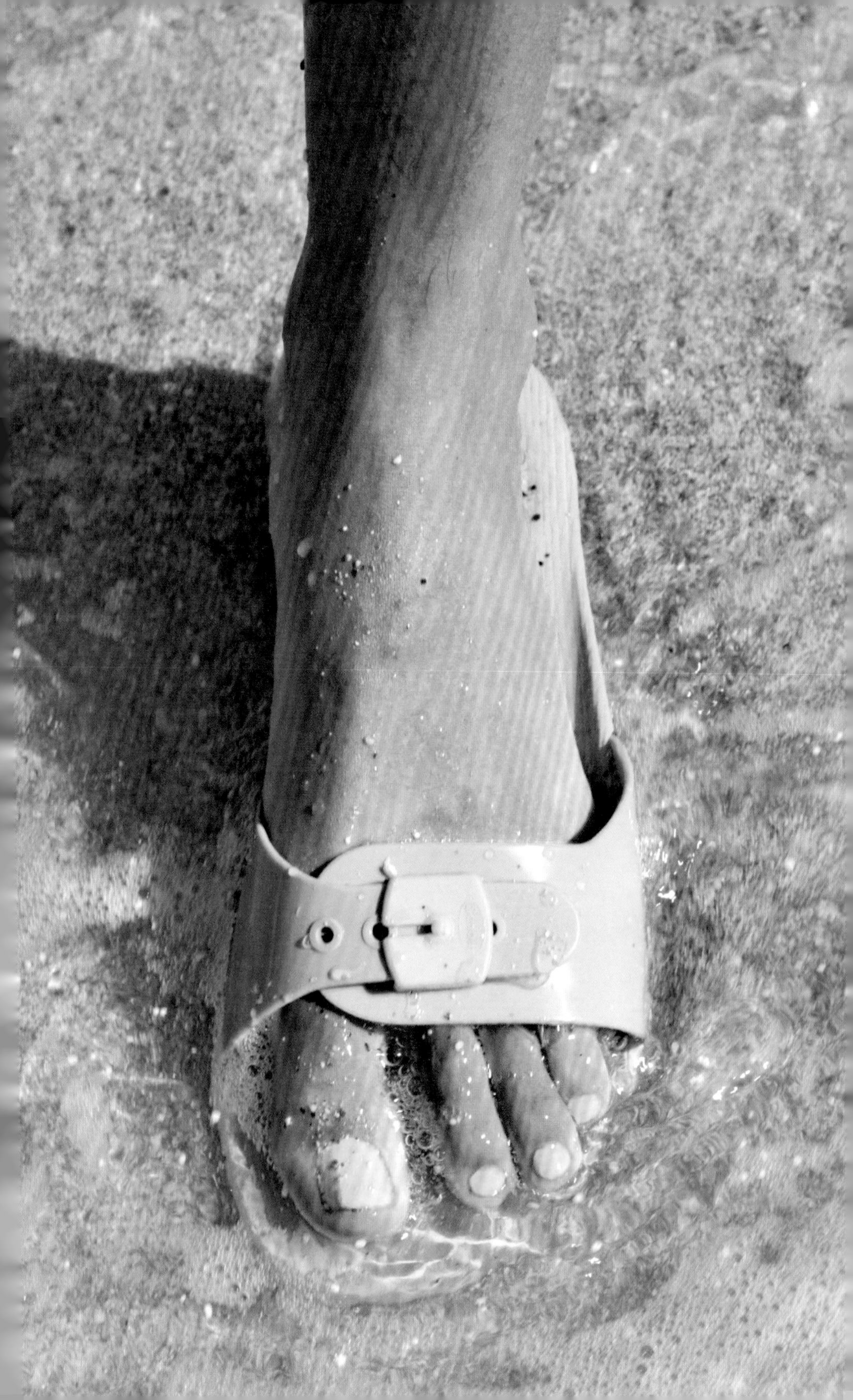

“你的双脚会说话，请听听双脚的声音，好好呵护它们吧。”

双脚是立足之本，所谓千里之行始于足下，请别把它们抛到九霄云外。当区域反射治疗师把我们的双脚放在手里的时候，双脚就会把我们此刻的不适、身体的问题和过去的经历统统倾诉出来。治疗师便可以对症下药了。一旦二者之间建立了信任，那么他们就能开始对话了。

通过诊疗，你发现目前都市人的双脚都有哪些问题？

因为生活压力大，睡眠、消化和泌尿问题也就随之而来了。同时我也发现，越来越多的症状开始与情感失败和工作困扰联系在一起。我遇到过一些情绪很低落的人，他们都不敢说话，其中高层管理人员和年轻人居多。此外，形体方面的问题也非常多，比如膝盖和脊柱的问题就常常困扰着我们。我们的双脚一直接收着身体和精神传递出的信号。人们所说的“下床左脚先着地”，“手轻脚捷”，“一抬脚的工夫”，“拔下脚上的刺”，都是另有深意的。而当我们谈到“抓住某人的脚”，含义就更深刻了。

“反射疗法是一种人道陪伴。临终前的人，双脚是唯一能被触碰的部位。我们会对他说：你还活着，你还拥有舒适祥和的感受。此外，婴儿首先看到的就是自己的双脚。”

劳伦斯，反射疗法专家

如果双脚反映了我们的不适，那么糟糕的鞋子是否会影响我们的身心健康？

鞋跟越高，身体受到的伤害越大。如果你总是保持相同的姿势，那么疼痛也就有了可乘之机。比如，舞者的双脚通常很让他们担忧，因为他们身体的受力点总是在大脚趾上，而根据反射学原理，大脚趾所对应的器官是头部。所以，我也注意到，他们的确实不同于常人。我同样也关注所谓的趾环时尚，这些趾环是不应该长期佩戴的。我们不在印度，我们对脚没有那么强的掌控能力，这样的潮流是不适合我们的。

“当朋友们问我要一张我的照片时，我会把双脚的照片给他们！”

艾德琳·胡塞尔

我们可以照着脚底反射图，自己给自己按摩吗？

这并不是一个好主意。没有外科大夫会给自己开刀的，最好还是找一个值得信赖的人为你按摩疲劳的双足吧，况且这也不会影响你观察自己的双脚。有硬茧的部位不仅代表受压处，更反映了身体较虚弱的部分。在家的时候，你可以光着脚走路，感受脚踏实地的感觉，“看啊，我有一双美足”！偶尔忘了那些指甲油吧，它们会让脚趾窒息的。在我们看来，脚趾对应的是颅骨的内壁。此外，当有人为你按摩时，请卸掉脚趾上的指甲油，这不仅是一个卫生问题，我们的指甲也是身体内部健康状况的晴雨表。

是的，爱护双足很重要。如果你满心欣喜地挑选了自己的爱鞋，那么也请同样善待陪你走向未来的“伙伴们”吧。

罗杰·维维亚(Roger Vivier)艺术总监

布鲁诺·弗里索尼(Bruno Frisoni)

我们设计的凉鞋出现在了伊丽莎白二世的加冕礼上；碧姬·芭铎骑哈雷摩托车时，脚蹬我们设计的长靴；明星玛琳·黛德丽、华里丝·辛普森和伊丽莎白·泰勒都是我们的客户。我们发明了细跟高跟鞋、逗号高跟鞋、choc高跟鞋之后，我们还能设计出什么样的鞋子，能让那些风雅时髦的女人眼前一亮呢？

几个季度以来，布鲁诺·弗里索尼都在以非凡的天赋和现代感重新诠释着罗杰·维维亚的经典作品。通过选用优质的材料，他致力于打造顶级高端的小众鞋履，其中不乏幽默和性感的亮点。布鲁诺·弗里索尼的父母都是意大利人，有着"高雅而简朴"的气质。布鲁诺·弗里索尼总是对曼妙的身姿和绝佳的品味格外关注："意式的高端精致赋予了我们与众不同的气度，和我们的美食一样，这也是一种品味的彰显。"

你总是为鞋子着魔吗？

我还记得我有一双3厘米高的平底鞋，那时，我只有12岁。有一次，我去河边玩耍，不幸丢失了它们，但我从未忘记这双鞋。如果要说印象最深的两款女鞋，那就是米色高跟鞋和20世纪70年代的牛津鞋——厚重、酒红色皮革、中跟，就像爱马仕的设计那样完美。小时候，我想成为一名珠宝设计师。虽然绘画和时尚都是我的爱好，但我却在鞋履的世界里找到了自己的幸福，因为设计鞋子和设计珠宝一样，都需要深厚的绘画功底。

所以，你的热情从何而来呢？

当一个人闯入眼帘的时候，我们最先看到的是她的头发、双手和双脚，这甚至比衣着还重要。鞋子可以改变脚踝、腿型，它是诱惑别人的武器，让人得以享受邂逅的欢愉和被吸引的喜悦。此外，鞋子也是服装的延伸。

当你设计鞋子的时候，什么样的女人会给你带来灵感？

这是因时而变的，就好比洋娃娃一样。我会想象她们的发型、肤色和个性。我最近所设想的缪斯来自希腊，生活在伦敦，关心时尚，喜欢穿性感的鞋子，既酷炫又有女人味儿。哪怕穿的是运动鞋，她也依然魅力不减。

安东尼·博尔诺(Antonin Borgeaud)摄

所以我们不需要通过高跟鞋来提升自己的魅力是吗?

当然不需要!看看伊娜·德拉弗拉桑热吧!不论是穿着男式短靴还是超级有女人味儿的高跟鞋,她都是女神的化身。无论踏上什么样的鞋子,她都能展现出女性的美。我们总是在不断地探索属于自己的风格,并通过搭配鞋子和服饰来享受其中的乐趣。我们要做的,不是变成一个衣服架子,而是成为那个独一无二的自己,我们应当找到其中的平衡。正所谓,橘生淮南则为橘,生于淮北则为枳。对鞋子来说,道理也是一样的。所谓过犹不及,太过花哨的鞋子反而会显得滑稽可笑,所以完美的事物是不存在的。

只要出高价就能买到完美的鞋子吗?

如果说一件物品、衣服或者一双鞋子是不完美的,那是因为它们本身就不够好,并非因为它们的价格不够昂贵。你花2000欧元买的东西并不一定比花200欧元的好。价格并不是王道,质量才是。如今,我们有幸生活在一个购物的黄金时代,有数不尽的商家可供我们选择。我们只需要花一些时间去寻找适合自己的就可以了。宁愿精挑细选,也不要烂货成堆。

那我们应该怎样做呢?

世上唯一糟糕的品味就是别扭的搭配。只要搭配得好,庸俗或难看的东西是不存在的。重要的是搭配的方式,而不是物品本身。对一个有魅力的女人而言,她既可以驾驭闪亮的风潮,也能够演绎优雅的格调。夏洛特·兰普林(Charlotte Rampling)这样的女人是永远不会没有品味的。但有时,风险也不可避免。毕竟,好的品味是通过不断尝试培养出来的。但我一点儿也不喜欢洞洞鞋,在我看来,这种有洞洞的户外鞋是很可怕的。相比之下,我更青睐人字拖或瑞典木屐。如果遇上合适的腿形或好看的短裤,带有漂亮鞋扣的木屐凉鞋也会很出彩。

选对袜子，增光添彩

如果选得不好，有些袜子也会毁了你的造型。女人穿连裤袜并非只是为了保暖，也是为了给整体的装扮增光添彩。以下是一些搭配小贴士，请务必采纳。

我们都知道，宁愿为了一双漂亮的连裤袜花光积蓄，也不要买3双普通的袜子回家。当然了，小品牌或者大的连锁店也能淘到令人眼前一亮的美袜，如何挑选做工精细的袜子很重要。一双优质的连裤袜不能掉裆，不能在腿部堆积，不能出现横向纹路，不能产生不均匀的花纹。好的连裤袜既不能紧箍大腿和腿肚，也不能太过闪亮。起球或一穿就钩丝也是大忌。通常，便宜的品牌（Miss Helen、Dim、Gerbe）都有自己的爆款，特别是后两个品牌的亚光款。当然了，在针织和染色方面做工严谨的品牌（Wolford、Falke Luxury Line）也颇受人们青睐。它们的袜子针脚平滑均匀，缝制精细严密，穿上后非常舒适，就像人体的第二层皮肤一样。这些袜子不仅结实耐穿，同时也能突显腿部的美。

选择透明还是不透明的连裤袜呢？

袜子丹尼系数（Denier，代表袜子的厚度）越高，就越亚光，丹尼系数越低，就越透明。5D到20D之间的薄款透明连裤袜是最脆弱的，很容易钩丝。

· **肉色丝袜。**这是专门为不想光腿的女性们准备的。你可以选择接近自己肤色的颜色，但千万不要选择太亮的。因为太亮的颜色会显得很老气，而颜色太深的，又会给人美黑过度的感觉。

· **黑色丝袜。**这种袜子总是和精致的服装（套装或晚礼服）或者极其性感的装扮（紧身连衣裙和高跟凉鞋）形影不离。但请不要搭配牛仔短裤（看上去就像发育迟缓的少女），搭配羊毛连衣裙、滑雪运动衫以及尖头皮靴也是大忌（非常显老）。

罗曼娜身上的连裤袜和Valentine Gauthier品牌的精致丝绸连衣裙相得益彰。

“为了突显个性，我收集了各种新颖独特的连裤袜。我喜欢那些亚光并带有图案的袜子，比如方格图案的。彩色的也很合我心意，尤其是紫红色。”

安娜贝拉·卡莉，市场负责人、博主。Retrosuperfuture墨镜、Haaning&Htoon上衣、Kookaï短裤、香奈儿女包、Gambettes Box连裤袜、圣罗兰高跟鞋。

卡莱尔·玛丽·罗谢特，银行项目经理。
朗雯连衣裙、Wolford连裤袜、菲拉格慕
高跟鞋、珑骧（Longchamp）红色手袋。

“我经常穿半身裙和短裤，我总是收集新颖独特的连裤袜，以此来增添个人风格。”

安娜贝拉·卡莉

• **半透明连裤袜**（25D到40D之间）和不透明的连裤袜（50D到100D之间）是最好搭配的，适合各种造型，并且很结实。但要注意，在这样的厚度下，请不要选择肉色，因为这样的打扮已经过时了，而且还显腿粗。请选择黑色和彩色的袜子。袜子的质量也很重要，除非你想把自己打扮成一个老太太，否则请远离带绒毛的袜子。

• **不透明的连裤袜**是搭配半身短裙、长度在膝盖以上的连衣裙和短裤的佳品，25岁以上的女性也可以穿。不论是厚的呢子、羊毛，还是薄的棉、丝绸面料，皆能搭配。

如果你的小腿和脚踝粗壮，请不要选择太亚光的连裤袜，含弹性纤维的紧身裤是个不错的选择。它既能勾勒出漂亮的腿形，又能修饰大腿和腹部的曲线。

我能穿带图案的连裤袜吗？

当然可以。不过，请避免廉价的花样（规则的碎花图案）或幼稚的印花图案（粉色大象之类）。圆点、条纹、格子、豹纹、斑马纹、蟒纹等都是你的上上之选。

短袜还流行吗？

坦诚地说，我们不喜欢透明的中筒袜，尤其是肉色的，它们简直就是时尚的杀手！我们忍不住想象这种袜子把小腿切成两截的画面！现在，连塑形袜都有黑色的了。因此，尼龙的短袜是可以选择的，但必须是黑色、亚光或蕾丝的。“真正”的短袜就更不必说了，那些棉质、羊毛和针织的袜子可以搭配你的九分裤和卡其卷边裤。它们的颜色既不挑人又很百搭，搭配凉鞋和高跟鞋也不错。虽然不是所有人都喜欢这种搭配，但它一直以来都是我们推荐的！

弗罗伦斯·胡安里布，Victoire品牌艺术总监。Barena Pour的外套、Victorie长裤和毛衣、Fratelli Rossetti 高跟鞋以及Antipast短袜。

Dim网格连裤袜、Swildens长裤、Maurice Manufacture德比鞋。

别出心裁的搭配妙招

网袜

否。想必不用细说你也明白，与其穿上这种网袜再配上红色漆皮高跟鞋和人造革迷你短裙——红灯区女郎的既视感，还不如把它们放在一边。就算搭配苏格兰格子衬衣、短裤和半筒皮靴，网袜也不会有一点儿美感。

可。如果穿得好，网袜也能带来些新意。搭配过膝铅笔半裙、机车靴、德比鞋或高跟鞋，网袜就能让你成为新一代的封面女郎。

波点丝袜

否。穿上波点丝袜、经典半身裙和不露脚的高跟鞋，你就可以立马拥有80年代的风情。如果你20岁，这样的打扮非常古怪。即使你只有35岁，这样的打扮也会让你看起来像65岁。

可。把它们穿得妖娆一些吧。比如，新颖别致的连衣裙搭配波点丝袜和周仰杰高跟鞋就是一身不错的晚宴装扮。

蕾丝连裤袜

否。假吊袜带、假大腿袜、假文身袜，都是糟糕品味的体现。

可。选择真正有品质的蕾丝连裤袜，否则就不要尝试。因为有透视的效果，所以蕾丝连裤袜不会像完全不透明的连裤袜那样显厚。蕾丝连裤袜其实一点儿也不挑人，所有人都可以穿它，况且它还能为古板的连衣裙添上几分活力。但简洁也是很重要的，所以请不要把蕾丝和其他装饰放在一起。反之，乐福鞋、德比鞋或低筒德比鞋这一类男孩气的鞋款都是可以放心搭配的。

彩色连裤袜

否。请不要选择那些炫目的双色搭配，库伊拉（动画片《101忠狗》中的反派）一样的红黑配，以及圣诞老人小精灵般的红绿配。其他太过闪亮的颜色也不行。

可。橙色、深紫红色、孔雀蓝、覆盆子色的连裤袜能够完美地搭配冷色系服装，比如栗子色、灰色、卡其色、驼色等。也可考虑深蓝色和深灰色，它们比黑色温柔，能完美搭配褐色和红色的鞋子。你是大胆派吗？为什么不去试试桃红色呢？

带图案的连裤袜

否。对小女孩来说，方格或小碎花的连裤袜是很可爱的。但对你这样的大姑娘而言，这种连裤袜就显得过于幼稚了。

可。你可以大胆地尝试豹纹或蛇纹的连裤袜，但这种连裤袜只能搭配精致的服装与优雅的鞋子，比如及膝连衣裙和高跟低筒靴。

羊毛连裤袜

否。100%腈纶的连裤袜在几个小时内就会起球，你的时尚气质马上就会大打折扣。

可。请选择纯棉或纯羊毛的连裤袜。粗罗纹连裤袜能为棉布复古连衣裙或丝绸裙混搭粗针织毛衣这种造型增色不少。再加上木底鞋或绑带短靴，一个活力奔放的冬季造型就打造出来了。

“我的爱人认为，短袜搭配勃肯鞋是世界上最不性感的造型。不过在我的眼里，它们可爱极了。”

朱丽叶·斯威尔登
在她的脸谱网主页上这样写道。

我们最爱的袜子品牌：

Happy Socks、Tabio、l’Archiduchesse、Badelaine。

如果担心穿错，那么请选择与鞋子同色的短袜。比如黑色配黑色，栗子色配栗子色，灰色配灰色。你也可以尝试带金银丝的短袜来为造型增添一些新的乐趣。

如果穿了深色鞋子，那么请搭配深色短袜，千万不要像迈克尔·杰克逊那样穿白色短袜。紫红色、深灰色、孔雀蓝、石油蓝、栗子色和云纹灰的袜子一定错不了。

如果你的鞋子是彩色的，那么请保持色系一致，或搭配对比不那么强烈的颜色。颜色间的强烈反差反而会给人一种滑稽的感觉。

天生一对

黑色鞋子+浅灰色、孔雀蓝、深紫色或深绿色短袜
红色鞋子+米色或淡粉色短袜
海军蓝鞋子+深灰色、深绿色或覆盆子色短袜
灰色鞋子+天蓝色、橙色或冷杉绿短袜
金色鞋子+米色、卡其色短袜

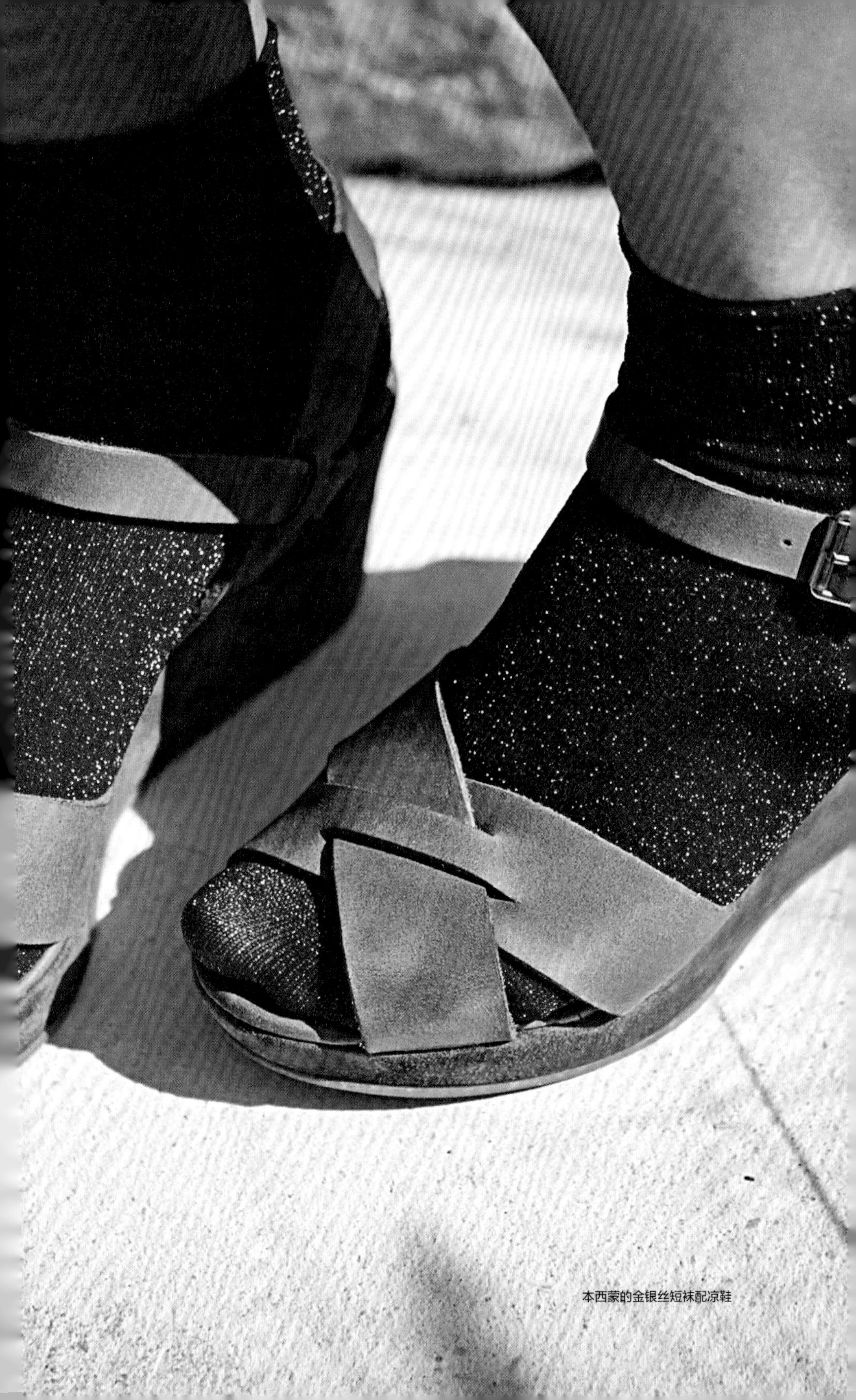

本西蒙的金银丝短袜配凉鞋

周仰杰(Jimmy Choo)创意总监

桑德拉·蔡(Sandra Choi)

“我现在还记得遇见我丈夫那一晚脚上穿的鞋子。那双诉说着动人故事的鞋子，我永远都无法割舍。”

当你见到一位女性时，你最先注意到的是什么?

如果我说最先映入我眼帘的不是她的鞋子，那么我一定是在撒谎。这是我的工作决定的，就像职业病一样。

为什么女人会对鞋子如此痴狂?

女人与鞋子之间很早结下了不解之缘。当小女孩们捧着童话书读《绿野仙踪》那些关于魔法鞋子的故事时，这段缘分就开始了。从很小的时候起，鞋子所有拥有的变身魔力就在女人们的心里生根了，穿上鞋子的人被赋予了这份魔力，无论内在还是外在皆摇身一变，成为不同的角色。穿着黑色细高跟的女强人、穿着银色绑带凉鞋的漂亮美人鱼或是脚踏机车靴的叛逆少女。鞋子是我们衣柜里始终如一的角色，一旦拿出来穿上，马上就能光彩照人。所以，多花些钱买顶级高跟鞋是一种良性投资，因为它们会一直陪在我们身边。

平底鞋也能穿出性感吗?

真正的性感是自信、一点点的含蓄与神秘。不论是穿着细跟高筒靴还是中性平底鞋，你都可以很性感，但要把握好性感的尺度，这一切都是由你穿鞋的姿态和方式所决定的。

你眼中的巴黎女人和法国女人是什么样的?她们会给你带来创作的灵感吗?

世界各地的女人都会带给我灵感，但法国女人尤其如此，因为法国女人有着天赐的格调，她们说话的方式和与生俱来的吸引力一直散发着性感的味道。当我开始设计新款的时候，我喜欢想象着一个穿着周仰杰高跟鞋，在大街上漫步的女人的样子。而此时，我脑海中最先浮现出的常常是一个巴黎女人的曼妙身影。

此照片受版权保护

你不喜欢什么样的鞋?

我不喜欢看到女性因为不合适的鞋子而露出不自在的表情，穿着不舒适或尺码不合的鞋子会让女性优美的身姿毁于一旦，这是一件很遗憾的事情。

你还记得你设计的第一双鞋吗?

记得，那双鞋是我在1992年设计的，和现在的鞋子相比，它们还没有那么性感，毕竟在那个时候，我还不是专业的设计师。

在你看来，一双设计精巧、做工考究的鞋子标准是什么?

对我来说，这首先需要一个能够吸引我的眼球、让我有创作欲望的事情。之后，我们需要严格按照设计方案，一丝不苟地完成所有制作工序，不论是皮料的裁剪、鞋跟的高度、鞋子的造型还是成品的过程，每一步都非常重要。如果要配上绑带或搭扣，那么这些带子应该有多长、应该到脚的什么地方?它们要怎么用、怎么搭配?这些都是需要考虑的问题。如果其中一步没有做到位，那么我们的心血就会付诸东流。

鞋子只要外形漂亮就足够了吗?

我当然希望所有鞋子都是舒适的，这是最理想的情况。但如果一双鞋有几处十分耀眼的亮点，只要穿上它你就能成为明艳不可方物的美人，那么你很快就会忘记双脚的痛苦。

和男设计师相比，你的创作方式有什么不同吗?

我不知道，我一直以来都是女人。但作为女性设计师，我们有着自己的优势，因为我们可以试穿自己的作品。在图纸上做设计固然可以，但通过试穿，我们可以把它们做得更好。我知道，每个人对完美的理解是不同的。因此，让模特试穿鞋子并客观地看待自己的设计就显得尤为重要。鞋子既凝结着艺术的精华，也体现着实用的价值。如果不把鞋穿在脚上，那么它们只是艺术品罢了。

远离
没品味的穿搭

每个人眼中的时尚都是不一样的，有的人认为魅力非凡的东西，或许在别人眼里很没品味。套着短袜穿凉鞋吗？那得多难看呀！但请注意，前卫的风格不一定意味着品味不高。

人们当然可以厌恶那些塞在德比鞋里的金银丝短袜，也可以认为瑞典木屐与性感一点儿都不沾边，或者只对滑雪后穿的软皮靴情有独钟，这是个人的喜好问题。而“真正的”没品味，指的是大家公认的低级审美或可能让所有人厌恶的糟糕品味。有的无伤大雅，但有的却能让你所有的时尚感毁于一旦。

我们喜欢安妮·索菲前卫的撞色搭配。
皮尔·哈迪的低筒靴。

需要注意的细节

鞋底的标签会被人看到吗？
会的。如果你交叉双脚坐着，那么别人一眼就能看到。当别人跟在你的身后上楼梯时，情况也类似。为了美观，围巾上露出来的标签也要撕掉。

鱼嘴鞋能搭短袜吗？
唯一的穿搭准则：千万不要选腈纶的中筒袜，棉质或羊毛材质才是你的首选。

皲裂的后跟、剪坏的指甲，还有爆裂纹指甲油。
对了，我们还没说脚趾上的汗毛呢！

破旧和不擦鞋油的鞋子。

一双历经岁月但精心保养的鞋子和一双从不保养的便宜货是不一样的。后者鞋跟磨薄、皮革刮花、鞋底也穿坏了……算了，还是把这双旧鞋扔进垃圾桶吧。

朝天翘的尖头鞋。

尖头鞋和尖头鞋是不一样的。小巧精致的尖头和朝天翘起的尖头是不能相提并论的。

低级的动物纹理。

如果你和我们一样，都喜欢蟒纹、豹纹和斑马纹，那么请一定不要在图案的质量上妥协。时尚博主芭莉比尔就曾谈论过什么才是“完美的豹纹”。

It shoes[1]的拙劣模仿。

的确，不是所有人都能够或愿意购买伊莎贝尔·玛兰的Dickers短靴、蔻依（Chloé）的Susan短靴、维维安·韦斯特伍德（Vivienne Westwood）的Pirate短靴、La Botte Gardiane的Sélina靴子和Rondini的圣托佩凉鞋的。漂亮的仿款当然是有的，但我们一定要在细节上擦亮眼睛，千万别选便宜货，它们会立刻拉低你的时尚水准。如果你买的仿款圣托佩凉鞋都撑不过一个夏天，那么你的钱包同样撑不了多久。

1 指不可错过的爆款。——译者注

认知的错误

黑色真的百搭吗?

黑色是很多人鞋柜里的必备色。但我们认为，如果只是为了图方便或者时间仓促来不及思考就选择了黑色，这种做法是不明智的。首先，黑色并不百搭。皮革原色、紫红色或深灰色更百搭一些。此外，如果皮革很廉价，那么黑色的效果就会更差。

不经思考复制潮流?

即使机车靴成了经典，运动凉拖成了一时的必备爆款，你也不必非要把它们买回家。你要做的是保持自己的风格，留意那些适合你的款式，并学会提升自己的衣着品味。

下半身单品的错误

长裤搭配薄底鞋是很显矮的。

如果你选择了鞋底很平的芭蕾鞋或德比鞋，那么只到脚踝的九分裤或连衣裙都是搭配首选。

对长裤来说，卷裤腿显得很不雅致。此外，卷裤腿的时候，高跟鞋的高度也是必须考虑的因素。裤脚较窄的卡其休闲裤或窄腿牛仔裤可以卷起裤脚改变长度，但下摆较宽的长裤则无法改变，因此其长度必须几乎盖住鞋子，而非悬在半空。

直筒半身短裙+及膝靴=老气

多露一点儿美腿，就能打造更年轻的造型，所以请穿上短筒靴吧。

腓比斯之箭（ Flèches de Phébus ）沙漠短靴。
谁说红色很难驾驭？穿上这些“小辣椒”吧！

斯蒂芬妮的托马斯·勒万凉鞋。我们喜欢这种图案和颜色的混搭，活泼而自然。快加入进来，成为时尚的弄潮儿吧！

过膝半身裙搭配包头高跟鞋：那是老奶奶的装扮。

这种到小腿中部的裙子其实并不好搭配。只有皮靴、20世纪70年代流行的T字鞋或中性德比鞋才是它的好搭档。

连裤袜的搭配雷区

超薄丝袜+皮靴

所谓仁者见仁，智者见智。这种搭配取决于个人审美。

浅色超薄连裤袜+深色的鞋子

怎么不再配上一条至小腿肚的碎花连衣裙?

栗色的连裤袜+黑色皮靴

和这种惨不忍睹的搭配相比，《罗密欧与朱丽叶》简直算得上是一出喜剧了。

尺码不合

蜷缩的脚趾。

鞋子太小了? 太高了? 太大了? 太滑了? 如果鞋子的尺码不合适，那么遭殃的一定是脚趾。假如穿的是凉鞋，有眼睛的人都看得到。就算换成不露脚趾的鞋子，僵硬的神态也能表露这种痛苦。鞋子是不会自己变大一码的，我们的双脚也不会习惯不舒适的感觉。因此，鞋子一定要试穿。

别扭的高跟鞋。

这不仅关乎双脚的形态，也关乎个人气质。鞋子的风格很重要，一双适合所有人穿的鞋是不存在的。每个人都应该找到适合自己的高跟鞋、短筒靴和皮靴。的确，这需要费一番功夫。但一旦有了成功的经验，下次就不会选错了。

难穿的“恨天高”。

挑选鞋子的时候，我们不应该只盯着脚看，而应当注意整体姿态。双脚的样子、足部关节的大小（包括肿胀的脚踝）、小腿的纤细程度、膝盖和大腿的形态等都是需要考虑的因素。

松弛的拉链皮靴：双腿看起来空荡荡!

一双经典的皮靴应当是完全贴合双腿曲线的，如果想找一双不挑身材的皮靴，那么卡马格靴或牛仔靴就是你的不二之选。

让膝盖赘肉窒息的长筒皮靴。

如果你的小腿比较粗壮，那么我们建议你选择低筒皮靴和塑形连裤袜，高帮皮鞋也不错。

那些被带子勒到肿胀的脚趾，像极了煮熟的香肠。

如果你的双脚总是被肿胀问题困扰，那么请避免选择有细长带子的鞋子，你可以尝试带子较粗的非夹脚款。

尴尬的高度。

如果身型矮胖，那么最好还是放弃“恨天高”吧。比起一味地追求身高，和谐的比例才最重要。

罗杰·维维亚品牌形象大使

伊娜·德拉弗拉桑热(Inès de La Fressange)

美鞋和香水一样，是绝不能容忍平庸存在的。

你有多少双鞋呢?

哈哈！若是真心喜欢是不会去计数的。不过，如果算上运动鞋、绳底帆布鞋和凉鞋，我有100多双鞋子。但是，我会经常清理它们，并且会试着清理那些不再穿的鞋子。

你会根据鞋子来搭配服装，还是正好反过来呢?

我会选择前者。如果我有了一双新鞋，那么我会竭尽全力去找一身合适的衣服来搭配它，因为一双鞋足以彻底改变我们全身的装扮。白色牛仔裤分别搭配凉鞋、高跟鞋和机车靴，能打造出三种全然不同的风格。如果搭配晚礼服，那么鞋子的作用就更明显了。比如平底鞋就能让晚礼服变得更有现代感。尽管我知道，对很多女人来说，这个主意可能是一场噩梦。有一次，我的一位朋友建议我一整天都穿着一双缀有精致流苏的芭蕾鞋。刚开始我的确觉得这个想法不太现实，但最后事实证明，这是一个很棒的点子！

我们需要多少鞋子来打扮自己呢？

比你现在拥有的还要少……不过品质更好。美鞋和香水一样，是绝不能容忍平庸存在的。这与服装不同，我们可以用很少的预算，就能穿得很出色。但穿鞋是另外一回事，我们有高跟鞋、芭蕾鞋、皮靴、匡威运动鞋、凉鞋、精致的晚礼鞋……但我们都十分赞同这样的观点：双脚和理性，也就是大脑，没有任何关联。

是什么成就了鞋子的高雅?

就我个人而言，我不喜欢那些皮衬条(鞋底外缘)很明显的鞋子。如果看多了高品质的鞋子，就能辨认鞋子的比例与材质，例如精致的做工，只有精品鞋才能做到。我认为，业内的专业人士很快就能分辨出鞋子品质的好坏。这和18世纪的家具有点类似，它们的优劣之分非常明显。不过，幸运的是，有的鞋子即使价格平易近人，也依然十分高雅，Rondini的凉鞋就是其中一例。然而，“高贵”

贝诺特 · 佩弗利尔（Benoit Peverell）摄

似乎已经不再是顾客们最主要的需求了。我怀念设计师曼奇尼、佩鲁贾和马诺洛最初的那些设计，它们完美地融合了荒诞与高雅。而我之所以为罗杰 · 维维亚代言，就是因为它把这种精神延续了下来。

哪些糟糕的审美是你不能容忍的?

我代言的这个品牌创造了许多经典，这些鞋子一直以来都是众人模仿的对象，尤其是凯瑟琳 · 德纳芙在电影《白日美人》中穿的那双带扣芭蕾鞋。没有任何一双仿冒品能够与正品相提并论。真正让人难以容忍的，是看不出仿款和原版间的区别，并且不能理解这种差异的意义。如果负担不起原款，为了避免东施效颦，请选择与其毫无关联的其他款式。

玛丽莲 · 梦露曾说，"我不知道是谁发明了高跟鞋，但女人们欠他一个大人情"。你同意这句话吗?

想想梦露那些最让人难忘的照片吧。你脑海里浮现的是她穿着爱尔兰羊毛衫的样子? 还是她裸身躺在床上的模样? 是她在跳舞或讲话时的身影? 还是她的目光? 是她的微笑? 还是她蓬乱的秀发? 但无论如何，你注意到的，都不是她的双脚。有的女人穿上高跟鞋，就会变得很有吸引力，这是因为她们自信，而不是因为她们"长高"了十几厘米。让人觉得性感的，是她们的走姿，而不是她们的身高，如艾娃 · 加德纳翩翩起舞的时候，她是光着脚的。我们之所以喜爱梦露，是爱她的灵魂，而不是她的高跟鞋。

如果一个女人穿上高跟鞋，高过了她的丈夫，这是合乎情理的吗?

当然了！她甚至可以有更多的银行存款，并且还能活得更久呢！这太愚蠢了！

爱鞋保养秘籍

在把鞋子擦得光亮如新之前，你要做的第一件事，就是撸起袖子整理鞋柜，把那些旧鞋子和烂皮鞋统统清理出去，将你的鞋柜打造成真正的美鞋库。床底下、鞋柜里，还有衣橱的角落都不能放过！来吧，让我们行动起来！

把它们扔进垃圾箱吧

请不要对这些已经穿坏的鞋子手下留情，踩旧的鞋跟、穿坏的鞋底、磨坏的鞋尖、刮花的皮革、松散的鞋带……比起这些破坏气质的旧物，你值得更好的。最好还是别再穿它们了。

清理过时的鞋子

某些款式即使重新流行起来，旧鞋的样式也早已被时代抛弃，今天的尖头鞋绝对不同于20世纪90年代的尖头鞋，如今的坡跟鞋也不是70年代的坡跟鞋。总而言之，放弃那些鞋跟老旧、鞋尖过时、鞋面老气的旧鞋吧，它们会让你的装扮一下老10岁。

把你的爱鞋归档收纳！

如果你真的太喜欢某些鞋子，以至于不忍心舍弃它们，那就把它们精心地保存起来吧。

-给它们上护鞋霜。
-填满薄纸。
-把它们放进布袋子里，或者用报纸包起来。

10年后你可以把它们拿出来展示给女儿看，她绝对无法相信你竟然穿过这些鞋子。

不同季节、不同场合穿的鞋子分开放

请把夏天和冬天的鞋子分开放置。一些只会在特定场合（晚宴、远足、沙滩度假）才会用到的鞋子也要分门别类放好。这样，你能更清楚看到并能更迅速找到平日里常穿的鞋子，换起鞋来也更方便。

将那些暂时不穿的鞋子放进大的透明鞋盒或收纳袋里（所有百货商店或大型家居连锁店里都能买到），把它们放在衣橱顶上、床底下或掀盖长凳中。

做个收纳达人

如果你是一个拥有众多美鞋的幸运儿，恰好也很有耐心，那么你可以在鞋盒上贴上鞋子的照片或者在手机里整理一个相册，当你挑选衣服，需要搭配鞋子的时候，这些照片就能帮你想起它们了。我们所认识的那些收纳达人非常推崇这种方法！

如果你觉得那些安装在门后的布艺或金属鞋架不实用，或者你的鞋柜太小，那么快去购置新的家具吧。钢质五斗橱、复古置物架或是能够放置柳条筐的宜家收纳架都是不错的选择。当然，你也可以在衣橱或门厅里搭一个40厘米长的架子，并用漂亮的布料装饰起来。

莎菲雅（Saphir）

法国著名品牌，这是一家创立于1920年的家族企业，享有很高的声誉，它为法国最知名的皮革制造商们提供建议并与它们合作。1925年，该品牌的产品获得了法国国家金质奖章。莎菲雅以不变的经典配方（松脂以及从动植物及矿物提炼的蜡）在广大鞋履爱好者中赢得了不朽的口碑。

用心呵护你的爱鞋

怎样才能最大限度地延长爱鞋的寿命呢？——唯一的秘诀就是精心的保养和细心的呵护。

来自巴黎普林（Pulin）修鞋店的拉菲尔以其精湛的技艺和改造鞋底的技术蜚声业界，她为我们提供了明智的建议。首先，并不是所有鞋子都适合加鞋垫。我们可以给硬皮或革的鞋子、高帮皮鞋、短筒靴、皮靴以及每日所穿的皮鞋加鞋垫，但是对于那些娇贵的、只能在晚上穿的、材质轻柔（比如布料、蕾丝或缎子）的鞋子来说，这种做法是无用且多余的。我们应该做的，就是保持鞋子最初的造型和轻便。舒适鞋底的诀窍：在加鞋垫之前，先穿两三天，以便让皮子变软，并显出“走路”的折痕。

鞋子沾水了，怎么办？千万不要直接靠近热源，我们要让湿漉漉的鞋子远离散热器和壁炉。请将鞋内填满薄纸或报纸，立起来静置24个小时，直到完全干燥为止。等鞋子干透，我们就可以放入木质鞋撑并开始修护皮革了。与男鞋相比，女鞋的皮革经过大量染色，所以我们更倾向于使用护理霜而不是鞋油。市面上最好的护理霜是由莎菲雅生产的，一共95种颜色，你一定能在其中找到自己的最爱。这种由天然蜜蜡、棕榈蜡和甜杏仁油制成的护理霜可以滋养皮革并使其再次水化。因为不添加皮料的死敌——硅酮，这种温和的护理霜既能让你的爱鞋重现光彩，也不会对皮革造成任何伤害。而打蜡这种粗糙的方式则多用于抛光，且只适用于男鞋。

“皮革和人的皮肤一样，都需要水润的滋养和温和的护理，但最重要的还是选对产品，”莎菲雅的总经理马克·莫哈解释道，“使用妮维雅或者别的面霜是不行的。就算某些较厚的皮革可以吸收，效果也不理想。因为鞋子的皮革经过鞣革处理，所以我们应当选择专用的护理霜。”

“丢弃那些给鞋子大面积打蜡的海绵吧，那里面都是硅酮，会把你的鞋子毁了的！”普林的拉菲尔说道。“因为有硅酮，所以第一次用的时候效果确实很好，鞋子会像滑冰场的冰面一样光亮，但这种塑化的薄膜会使皮革窒息并且开裂，这种伤害是不可逆的。”马克·莫哈补充道。

那么光亮剂呢？

对于高跟鞋来说，这些光亮剂才是最危险的！它们含有的树脂会在鞋面上留下塑化薄膜。没错，这些产品很便宜，但它们会使皮革开裂，并造成难以修复的损伤。

为了让鞋面光亮如新，我们可以用长筒袜、丝绸或擦鞋手套擦拭。

高跟鞋磨坏了、刮花了、掉色了，怎么办？使用莎菲雅的焕彩霜吧。这款产品是专为彩色鞋子设计的，能够恢复并重现鞋面的靓丽色彩。只要等它吸收并干燥后，你的爱鞋就焕然一新了。你的皮包和孩子们的鞋子同样也能使用这款神奇的“整形”产品。

一双精心保养过的拉尔夫·劳伦美鞋。

那我的麂皮靴怎么办？

拉菲尔建议给它们做防水处理，这样可以起到一定保护作用。同样，请你选择有品质的护理产品，并避免使用任何含有硅酮的产品。只要选对好的修复产品，麂皮和布料一样，也是可以洗涤的。为此，莎菲雅专门研发了一款香皂，这款配料温和的香皂配合丝绸做的鞋刷能产生丰富的泡沫，全面清洁你的爱鞋。这款神奇的香皂不仅可以清除污垢，还能使麂皮的颜色重焕新生。尽管用起来比喷雾剂烦琐，但它却能拯救你的爱鞋，小的污点只需用麂皮刷轻轻擦拭一下就可以了。为了不破坏鞋面或留下印迹，你需要注意清洁的手法和力度。至于那些五颜六色的鞋子，你可以详细阅读鞋子上的标签来选择“正确的”产品。快行动起来吧！

值得造访的鞋履保养修护网站：

http://www.valmour.fr
http://www.avel.com

被忽略的标签信息

这些印有信息的标签可能出现在鞋筒、衬里、鞋垫和鞋底上。请仔细阅读它们。

鞋面：固定于鞋底且朝外的一侧。

衬里和鞋垫：鞋履的内部。

鞋底：鞋子的底面，承受走路时的磨损，固定于鞋面。

标签上应详细标明制作鞋子所用的主要材料，其涵盖比例应为80%以上（鞋面、衬里、鞋垫、鞋底）。如果没有主要材料，则应该注明两种主要的制作材料。

皮革：指或多或少保留天然纤维结构，并经过鞣制处理的动物皮革。动物的种类不必强制标明。

粒面皮：根据第96-477号法令，粒面皮必须保留原始的颗粒与质地，未经过抛光、刮平、刨皮处理。

涂层皮：涂层的厚度不能超过整体厚度的三分之一，至多为0.15毫米。

“在法国，技艺不受人重视，制作鞋子被视作是没本事的工匠所干的活计。鞋履王国死于资本世界，金融家们想要两位数的股息，然而鞋子并不能如此迅速地带来这样高的收益。制作一双鞋，要花时间做模型，还有很多零件要组合……而根据品质和工艺的复杂程度，仅鞋跟的成本就要2欧元到35欧元不等。”

娜塔莉·艾拉哈尔，LaRare品牌设计师

左至右，上至下：中跟鞋、细高跟鞋、便鞋、机车靴、懒人鞋、
罗马凉鞋、德比鞋、dicker牛仔风踝靴、T字高跟鞋、雨靴。

鞋上的标志

1996年，欧洲出台的第96-477号法令规定所有鞋子都必须贴有标志以标明鞋子的相关特征。

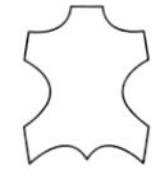

该标志表示真皮材质。

该标志表示涂层皮，通常用于衬里和皮革较薄的部位。此材质以涂面保护皮革。

该标志表示纺织品。

该标志表示合成材质。

也有一些标志表示鞋子的某个部件。

表示鞋的上部，即“鞋面”。

表示鞋底。

两个箭头表示鞋的内部，包括衬里和鞋垫。

最受青睐的巴黎鞋店

因为生活在巴黎，所以我们更了解这座城市的秘密。

我们可能会在老佛爷和春天百货琳琅满目的美鞋前失去理智，
或是对精致小店的时尚鞋款青睐有加。
但不论是大商场还是小店铺，我们都爱。

58M

蒙马特街(Montmartre)58号，邮编：75002

这里简直是收藏达人必去的购物胜地！小心，你会迷路的。我们可以在这里找到时下最新的潮流鞋款。店内的品牌有艾克妮(Acne)、Sigerson Morrison、Jérôme Dreyfuss、薇洛妮克·布兰奎诺(Véronique Branquinho)等。

ANN TUIL

帕西(Passy)大街63号，邮编：75016

香榭丽舍大街63号，邮编：75008

电话：01 42 25 67 31

想挑选时髦的鞋子吗？那么来这儿吧，一定错不了。从塞乔·罗西到K Jacques这里都有。

购物中心(CENTRE COMMERCIAL)

马赛大街(Marseille)2号，邮编：75010

我们可以在这买到La Botte Gardiane、Church ' s、丽派朵，以及备受男士青睐和市场追捧的Veja运动鞋。

柯莱特时尚店(COLETTE)

圣奥诺雷大街(Saint-Honoré)213号，邮编：75001

在这里，我们既可以沉醉于Alaïa、纪梵希、Giuseppe Zanotti、亚历山大·王(Alexander Wang)等大师的经典设计；也可以痴迷于塔碧瑟·西蒙斯(Tabitha Simmons)、索菲娅·韦伯斯特(Sophia Webster)、Adieu Paris等新生代设计师的杰作。

FRENCH TROTTERS

维埃耶寺庙大街(Vieille-du-Temple)128号，邮编：75003

沙罗纳街(Charonne)30号，邮编：75011

这里既有快时尚品牌的潮流新款也有高端大牌的精品系列。米歇尔·维维安、Chie Mihara、APC、Avril Gau和French Trotters都是你的不二之选。

GARRICE

里沃利街(Rivoli)30号，邮编：75003

自由和现代是这家概念店的宗旨。这里汇集了当下最新的时尚鞋款，Fiorentini&Baker的机车靴就是它的亮点之一。

克莱尔·玛丽，身穿Adeline André大衣、Kobja配饰、圣罗兰凉鞋。

Giuseppe Zanotti的星星凉鞋

IRIS

格勒纳勒大街(Grenelle)28号，邮编：75007

这家紧随时尚潮流的意大利企业主打知名品牌：马克· 雅可布、 蔻依、 迈克高仕(Michael Kors)、吉尔· 桑达(Jil Sander)、 薇洛妮克· 布兰奎诺(Véronique Branquinho)等。它为我们提供了众多品质好鞋。在这些美鞋前，哪怕是凯莉·布莱德肖的收藏也会黯然失色。

KABUKI

图尔比戈街(Turbigo)13号，邮编：75003

芭芭拉·裴在1990年初创办了这家精致小店。这里的鞋全是著名的经典款，时髦的模特们也常常光顾此地。

LOBATO

马勒大街(Mahler)6号，邮编：75004

这里的鞋款全都精选自一线设计师的作品，涵盖的品牌有：皮埃尔·哈迪(Pierre Hardy)、Proenza Schouler、米歇尔·维维安和Ellen Truijen等。

MOSS

格勒纳勒大街22号，邮编：75007

如果你还在寻找精致漂亮的芭蕾鞋，那么来这儿吧。你害羞的小脚一定会在这些高级又性感的鞋子面前“脸红的”。

NOUVELLE AFFAIRE

德贝里牧大街(Debelleyme)5号，邮编：75003

来这里邂逅让你心动的美鞋吧，这些紧跟潮流的鞋子一定能满足你对美的渴望。这里有着许多出自年轻设计师的限量版、小众系列和独具一格的新颖鞋款。超级漂亮的Carritz的凉鞋就在这里。

WHAT FOR

维埃耶寺庙大街(Vieille-du-Temple)15号，邮编：75004

著名的中国品牌鞋店，价格实惠、款式新颖。

设计师们的精致好店

ANNABEL WINSHIP

德拉贡大街(Dragon)29号，邮编：75006

这里的鞋子既美观又舒适。它们不仅能扮靓你的双脚，还能给你带来美丽的好心情。

AVRIL GAU

卡特文大街(Quatre-Vents)17号，邮编：75006

这里全是既漂亮又舒适的好鞋！

COSMOPARIS

老科隆比耶大街(Vieux-Colombier)25号，邮编：75006

维克多·雨果大街(Victor-Hugo)97号，邮编：75016

布朗士·芒多大街(Blancs-Manteaux)3号，邮编：75004

这个超有女人味儿且价格不高的品牌为巴黎女人带来了既时尚又魅惑，既前卫又性感的鞋子，所有时尚达人都为它的魅力痴狂。

C. PETULA

加内特大街(Canettes)7号，邮编：75006

该品牌用有趣而精巧的细节重新诠释了那些经典鞋款，是当之无愧的性价比之王。

FERRAGAMOSCREATIONS

蒙达布尔大街(Mont-Thabor)38号，邮编：75001

在这里，我们可以找到那些著名的意大利品牌为玛丽莲·梦露和安娜·玛格纳妮(Anna Magnani)等明星们打造的经典传奇。

弗雷德·马尔卓

托里尼大街(Thorigny)11号，邮编：75003

营业时间为周四~周六的14~19点。

精致的复古风，浓浓的女人味儿，高贵的格调和绝佳的品质共同成就了该品牌的时尚传奇。

KARINE ARABIAN

巴比龙大街(Papillon)4号，邮编：75009

此店最著名的鞋子莫过于圆头糖果鞋了，该品牌的设计师打造出了既舒适又性感的高跟鞋。

MELLOW YELLOW

弗朗克·布尔日大街(Francs-Bourgeois)43号，邮编：75004

这里的鞋子简直堪称梦幻！它们真的太前卫了！不过别担心，这些鞋子不会让你破产的。

PATRICIA BLANCHET

波赫拜尔大街(Beaurepaire)20号，邮编：75010

该品牌以舒适的高帮皮鞋和闪亮的鞋子著称，精于选购美鞋的时尚达人们都对它情有独钟。

莉娜·科尔法马丁穿着来自她母亲的时髦短靴。

“很多年来，我都在寻找理想的栗色军靴，但却一直未能如愿。当我的母亲拿出了这双她年轻时所穿的短靴时，我一下就爱上了它们。对我而言，能穿着母亲的鞋走路是一件令人开心的事情。此后，它们成了我最常穿的鞋子。”

PHILIPPPE ZORZETTO

维埃耶寺庙大街（Vieille-du-Temple）106号，邮编：75003

圣奥诺雷大街（Saint-Honoré）257号，邮编：75001（需预约）

这里的鞋子既是为男人造的，也是为女人做的。如今，由设计师的祖父所打造的经典鞋款畅销。这里有手工制作的乐福鞋、短筒靴、牛津鞋。

LES PRAIRIES DE PARIS

普瑞奥克斯大街（Pré-aux-Clercs）6号，邮编：75007

德贝里牧大街（Debelleyme）23号，邮编：75003

如果你喜欢Laetitia Ivanez设计的前卫都市风格服装，那么这里的高跟鞋，德比鞋或皮靴一定能俘获你的芳心。

鲁伯特·桑德森

小场街（Petits-Champs）5号，邮编：75001

就连明星们都为这些完美的性感美鞋倾倒。你还在犹豫什么呢?

SURFACE TO AIR

维埃耶寺庙大街（Vieille-du-Temple）108号，邮编：75003

这里的鞋子完美地演绎了巴黎的摇滚时尚。这些鞋子不仅造型独特，而且舒适好穿，其中著名的Buckle鞋款就一直被模仿。迄今为止，它已经畅销了7年。

SWILDENS

老科隆比耶大街（Vieux-Colombier）18号，邮编：75006

普瓦图大街（Poitou）22号，邮编：75003

玛达慕大街（Madame）38号，邮编：75006（在第4区和第16区也有店面）

这里的低筒靴，凉鞋和德比鞋总是让人爱不释手。这些出自朱丽叶（Juliette）之手的鞋子一直以来都是不朽的经典。

TOSCA BLU

圣奥诺雷大街（Saint-Honoré）209号，邮编：75001

这家来自米兰的品牌最早是从箱包起家的。现在以最时尚的鞋款虏获人心。

还有这些

LA BOTTE GARDIANE

沙罗纳街（Charonne）25号，邮编：75011

克里斯提·鲁布托

让·雅克卢梭大街（Jean-Jacques Rousseau）19号，邮编：75001

DELAGE

瓦卢瓦大街（Valois）15号，邮编：75001

LA MAISON ERNEST

克利希林荫大道（boulevard de Clichy）75号，邮编：75009

MARIA LUISA

奥斯曼大街（boulevard Haussmann）64号，邮编：75009

皮埃尔·哈迪

皇家宫殿花园（Jardins du Palais-Royal）156号，法洛廊，邮编：75001

丽派朵

和平大街（Paix）22号，邮编：75002

瓦尔特·斯泰格

圣奥诺雷郊区街（Faubourg-Saint-Honoré）83号，邮编：75008

线上商店

L'EXCEPTION

www.lexception.com

这里汇集最时尚的法国品牌，比如托马斯·勒万、My Suelly、Maurice Manufacture等。

MODE TROTTER

www.modetrotter.com

这里有Heimstone、Bosabo、Philippe Model、Opening Ceremony、Mexicana……这里的鞋款既时髦又独特。想打造活泼的造型吗？没有灵感怎么办？请来这里逛逛吧。

OFFICE

www.office.co.uk

想找豹纹短靴和闪亮的高跟鞋吗？只要打开这个网页，动动手指，商家就能以最快的速度为你送货到家。

SARENZA

www.sarenza.com

不论什么风格，什么价位的鞋子，这里的选择总是多到让人眼花缭乱。在这里，你既可以买到高端大牌的产品，也能淘到便宜实惠的鞋子。网站提供24小时免费送货上门服务。网站的博客“Les Perchées”上也有许多的时尚资讯和建议。

SPARTOO

www.spartoo.com

放心挑选吧！这里都是经典鞋款，绝对没有雷区。

捡便宜在这里

SABOTINE

罗盖特大街(Roquette)35号，邮编：75011

如果不去在意这家平庸小店糟糕的购物氛围，我们或许能幸运地淘到便宜的大牌好货。

LES SOULIERS.COM

特雷维索大街(Trévise)38号，邮编：75009

Avril Gau、皮埃尔·哈迪、米歇尔·维维安、朗雯、马丁·马吉拉、巴黎世家、Mon Soulier Paris……这里是美鞋荟萃的购物天堂，何况它们还打6折呢！

STOCK JONAK

塞巴斯导堡勒大街(Sébastopol)44号，邮编：75003

这里有着当季最实惠的价格！除非你非要买能穿5年以上的鞋子，否则这里能为你提供很多的选择。

STOCK JOURDAN

弗朗索瓦大街(François Ier)23号，邮编：75008

没错，这里就是有很多存货。在这里，我们可以毫无压力地试穿那些被摆放得整整齐齐的鞋子。

STOCK MELLOW YELLOW

图尔比戈街(Turbigo)32号，邮编：75003

如果你是一个抵不住诱惑的人，那么你还是别来了。这家小店总是一整年都堆满了打折的好货。这些打折商品的牌子都很讨喜。

STOCK PARCOURS

波堡街(Beaubourg)59号，邮编：75003

虽然有些杂乱，但如果不嫌弃这儿堆积的大量存货，我们也能在其中找到惊喜。

Mellow Yellow 高跟凉鞋

鸣谢

感谢弗雷德里克·波索尼尔深思熟虑的建议。

感谢安娜·德·玛尔纳克和弗朗索瓦·哈瓦尔宝贵的帮助。
同时也向皮埃尔·卡隆和梅里达·铎桑·布兰迪尔致谢。

感谢艾德琳·胡塞尔漂亮的美足照！

感谢娜塔莉·艾拉哈尔渊博的学识和暖心的建议。

感谢安妮·索菲米诺的体贴和帮助。

感谢所有为此书出镜的美丽的女士们、鞋履爱好者和收藏家们。

感谢那些痴迷法式优雅的设计师，感谢他们对鞋履的热爱。